绿色发展通识丛书

GENERAL BOOKS OF GREEN DEVELOPMENT

温室效应与气候变化

［法］爱德华·巴德　　［法］杰罗姆·夏贝拉／主编

张铱／译

中国文联出版社

http://www.clapnet.cn

图书在版编目（ＣＩＰ）数据

温室效应与气候变化 / (法) 爱德华·巴德, (法)
杰罗姆·夏贝拉主编；张铗译. -- 北京：中国文联出
版社, 2020.12
（绿色发展通识丛书）
ISBN 978-7-5190-4505-0

Ⅰ. ①温… Ⅱ. ①爱… ②杰… ③张… Ⅲ. ①温室效
应－研究②气候变化－研究 Ⅳ. ①X16②P467

中国版本图书馆CIP数据核字(2021)第013274号

著作权合同登记号：图字01-2017-5141

Originally published in France as :
Sur les origines de l'effet de serre et du changement climatique by Svante Arrhenius & Thomas
C.Chamberlin & James Croll & Joseph Fourier & Claude pouillet & John Tyndall
© Editions la ville brûle,2020
Current Chinese language translation rights arranged through divas international ,Paris ／ 巴
黎迪法国际版权代理

温室效应与气候变化
WEN SHI XIAO YING YU QI HOU BIAN HUA

作　　者：〔法〕爱德华·巴德　　〔法〕杰罗姆·夏贝拉	
译　　者：张　铗	
终 审 人：朱彦玲	责任译校：黄黎娜
复 审 人：周小丽	责任校对：潘传兵
责任编辑：周劲松　李小欧	责任印制：陈　晨
封面设计：谭　锴	

出版发行：中国文联出版社
地　　址：北京市朝阳区农展馆南里10号，100125
电　　话：010-85923018（咨询）010-85923000（编务）85923020（邮购）
传　　真：010-85923000（总编室），010-85923020（发行部）
网　　址：http://www.clapnet.cn　　　　http://www.claplus.cn
E - m a i l：clap@clapnet.cn　　　　　lixo@clapnet.cn

印　　刷：中煤（北京）印务有限公司
装　　订：中煤（北京）印务有限公司
本书如有破损、缺页、装订错误，请与本社联系调换

开　　本：720×1010		1/16	
字　　数：160千字		印　张：19.25	
版　　次：2020年12月第1版		印　次：2020年12月第1次印刷	
书　　号：ISBN 978-7-5190-4505-0			
定　　价：46.00元			

"绿色发展通识丛书"总序一

洛朗·法比尤斯

1862 年，维克多·雨果写道："如果自然是天意，那么社会则是人为。"这不仅仅是一句简单的箴言，更是一声有力的号召，警醒所有政治家和公民，面对地球家园和子孙后代，他们能享有的权利，以及必须履行的义务。自然提供物质财富，社会则提供社会、道德和经济财富。前者应由后者来捍卫。

我有幸担任巴黎气候大会（COP21）的主席。大会于 2015 年 12 月落幕，并达成了一项协定，而中国的批准使这项协议变得更加有力。我们应为此祝贺，并心怀希望，因为地球的未来很大程度上受到中国的影响。对环境的关心跨越了各个学科，关乎生活的各个领域，并超越了差异。这是一种价值观，更是一种意识，需要将之唤醒、进行培养并加以维系。

四十年来（或者说第一次石油危机以来），法国出现、形成并发展了自己的环境思想。今天，公民的生态意识越来越强。众多环境组织和优秀作品推动了改变的进程，并促使创新的公共政策得到落实。法国愿成为环保之路的先行者。

2016 年"中法环境月"之际，法国驻华大使馆采取了一系列措施，推动环境类书籍的出版。使馆为年轻译者组织环境主题翻译培训之后，又制作了一本书目手册，收录了法国思想界最具代表性的 33 本书籍，以供译成中文。

中国立即做出了响应。得益于中国文联出版社的积极参与，"绿色发展通识丛书"将在中国出版。丛书汇集了 33 本非虚构类作品，代表了法国对生态和环境的分析和思考。

让我们翻译、阅读并倾听这些记者、科学家、学者、政治家、哲学家和相关专家：因为他们有话要说。正因如此，我要感谢中国文联出版社，使他们的声音得以在中国传播。

中法两国受到同样信念的鼓舞，将为我们的未来尽一切努力。我衷心呼吁，继续深化这一合作，保卫我们共同的家园。

如果你心怀他人，那么这一信念将不可撼动。地球是一份馈赠和宝藏，她从不理应属于我们，她需要我们去珍惜、去与远友近邻分享、去向子孙后代传承。

2017 年 7 月 5 日

（作者为法国著名政治家，现任法国宪法委员会主席、原巴黎气候变化大会主席，曾任法国政府总理、法国国民议会议长、法国社会党第一书记、法国经济财政和工业部部长、法国外交部部长）

"绿色发展通识丛书"总序二

万钢

  习近平总书记在中共十九大上明确提出，建设生态文明是中华民族永续发展的千年大计。必须树立和践行绿水青山就是金山银山的理念坚持节约资源和保护环境的基本国策，像对待生命一样对待生态环境。我们要建设的现代化是人与自然和谐共生的现代化，既要创造更多物质财富和精神财富以满足人民日益增长的美好生活需要，也要提供更多优质生态产品以满足人民日益增长的优美生态环境需要。近年来，我国生态文明建设成效显著，绿色发展理念在神州大地不断深入人心，建设美丽中国已经成为13亿中国人的热切期盼和共同行动。

  创新是引领发展的第一动力，科技创新为生态文明和美丽中国建设提供了重要支撑。多年来，经过科技界和广大科技工作者的不懈努力，我国资源环境领域的科技创新取得了长足进步，以科技手段为解决国家发展面临的瓶颈制约和人民群众关切的实际问题作出了重要贡献。太阳能光伏、风电、新能源汽车等产业的技术和规模位居世界前列，大气、水、土壤污染的治理能力和水平也有了明显提高。生态环保领域科学普及的深度和广度不断拓展，有力推动了全社会加快形成绿色、可持续的生产方式和消费模式。

推动绿色发展是构建人类命运共同体的重要内容。近年来，中国积极引导应对气候变化国际合作，得到了国际社会的广泛认同，成为全球生态文明建设的重要参与者、贡献者和引领者。这套"绿色发展通识丛书"的出版，得益于中法两国相关部门的大力支持和推动。第一辑出版的33种图书，包括法国科学家、政治家、哲学家关于生态环境的思考。后续还将陆续出版由中国的专家学者编写的生态环保、可持续发展等方面图书。特别要出版一批面向中国青少年的绘本类生态环保图书，把绿色发展的理念深深植根于广大青少年的教育之中，让"人与自然和谐共生"成为中华民族思想文化传承的重要内容。

科学技术的发展深刻地改变了人类对自然的认识，即使在科技创新迅猛发展的今天，我们仍然要思考和回答历史上先贤们曾经提出的人与自然关系问题。正在孕育兴起的新一轮科技革命和产业变革将为认识人类自身和探求自然奥秘提供新的手段和工具，如何更好地让人与自然和谐共生，我们将依靠科学技术的力量去寻找更多新的答案。

2017 年 10 月 25 日

（作者为十二届全国政协副主席，致公党中央主席，科学技术部部长，中国科学技术协会主席）

"绿色发展通识丛书"总序三

铁凝

　　这套由中国文联出版社策划的"绿色发展通识丛书",从法国数十家出版机构引进版权并翻译成中文出版,内容包括记者、科学家、学者、政治家、哲学家和各领域的专家关于生态环境的独到思考。丛书内涵丰富亦有规模,是文联出版人践行社会责任,倡导绿色发展,推介国际环境治理先进经验,提升国人环保意识的一次有益实践。首批出版的 33 种图书得到了法国驻华大使馆、中国文学艺术基金会和社会各界的支持。诸位译者在共同理念的感召下辛勤工作,使中译本得以顺利面世。

　　中华民族"天人合一"的传统理念、人与自然和谐相处的当代追求,是我们尊重自然、顺应自然、保护自然的思想基础。在今天,"绿色发展"已经成为中国国家战略的"五大发展理念"之一。中国国家主席习近平关于"绿水青山就是金山银山"等一系列论述,关于人与自然构成"生命共同体"的思想,深刻阐释了建设生态文明是关系人民福祉、关系民族未来、造福子孙后代的大计。"绿色发展通识丛书"既表达了作者们对生态环境的分析和思考,也呼应了"绿水青山就是金山银山"的绿色发展理念。我相信,这一系列图书的出版对呼唤全民生态文明意识,推动绿色发展方式和生活方式具有十分积极的意义。

20 世纪美国自然文学作家亨利·贝斯顿曾说："支撑人类生活的那些诸如尊严、美丽及诗意的古老价值就是出自大自然的灵感。它们产生于自然世界的神秘与美丽。"长期以来，为了让天更蓝、山更绿、水更清、环境更优美，为了自然和人类这互为依存的生命共同体更加健康、更加富有尊严，中国一大批文艺家发挥社会公众人物的影响力、感召力，积极投身生态文明公益事业，以自身行动引领公众善待大自然和珍爱环境的生活方式。藉此"绿色发展通识丛书"出版之际，期待我们的作家、艺术家进一步积极投身多种形式的生态文明公益活动，自觉推动全社会形成绿色发展方式和生活方式，推动"绿色发展"理念成为"地球村"的共同实践，为保护我们共同的家园做出贡献。

中华文化源远流长，世界文明同理连枝，文明因交流而多彩，文明因互鉴而丰富。在"绿色发展通识丛书"出版之际，更希望文联出版人进一步参与中法文化交流和国际文化交流与传播，扩展出版人的视野，围绕破解包括气候变化在内的人类共同难题，把中华文化中具有当代价值和世界意义的思想资源发掘出来，传播出去，为构建人类文明共同体、推进人类文明的发展进步做出应有的贡献。

珍重地球家园，机智而有效地扼制环境危机的脚步，是人类社会的共同事业。如果地球家园真正的美来自一种持续感，一种深层的生态感，一个自然有序的世界，一种整体共生的优雅，就让我们以此共勉。

2017 年 8 月 24 日

（作者为中国文学艺术界联合会主席、中国作家协会主席）

目录

序一

序二

序一

"过去几个世纪的学者既不具备精确的测量技术，也不拥有大规模的信息。然而，这些先驱凭着很多有预见性的直觉，建立了我们沿用至今的主要基本概念。"

构建气候学的学者采用了截然不同而又互相补充的研究路径。有些学者终其一生，以经验研究的方式描述自然现象，并将其对地球表面的观察结果绘制成地图；有些学者借助数学、物理学、化学及生物学基础学科的同步发展，致力于探讨基本机制；还有些学者发现地球气候在不同的地质历史时期不断地发生变化。随着科学的进步，这三种研究方法互相促进。一些先驱学者甚至结合不同方法，在气候学研究上取得了重大进展。

18 世纪末至 19 世纪初，德国博物学家亚历山大·冯·洪堡（Alexander von Humboldt）进行了伟大的环球旅行。而在当时，得益于英国宇航员威廉·赫歇尔（William Herschel）的研究，人们对气候的物理特征的理解向前迈出了一大步。威廉·赫歇尔发现了红外辐射，并阐明了其在热传递中的重要性。

来自日内瓦的奥拉斯－贝内迪克特·德索叙尔（Horace-

Bénédict de Saussure）因其在气候学领域的大量不同研究而闻名于世。他的主要发明为毛发湿度计及日光温度计。日光温度计是名副其实的太阳能收集器，旨在研究太阳光辐射及其在不同海拔高度的热量效应。这个仪器由一系列套盒构成，套盒的一侧为玻璃。1824年，约瑟夫·傅里叶也开始关注日光温度计，并将其与地球的情况进行对比。他提出：地球大气层的作用可能类似于温室的玻璃窗。

法国物理学家克劳德·普耶（Claude Pouillet）对太阳辐射的传播开展研究。他借助于自行设计的"太阳热力计"，比较准确地测量了太阳光产生的热流。普耶还试图计算地球辐射和太阳辐射的吸收对大气温度的影响的具体数值。他将一个球体放在一个实验封闭空间里，并对热传递进行总结，从而证明将地球温度升高几十度是可能的：必要条件是大气层有温室效应，即大气层对来自地球和围绕物的热流的吸收系数不同。

实际上，爱尔兰化学家和工程师约翰·丁达尔（John Tyndall）得出了温室气体所吸收与发出的红外辐射值的首批实验数据。他的分析涉及水蒸气、二氧化碳、不同的有机分子、卤化物及臭氧等很多温室气体的组成部分。丁达尔甚至测量了薰衣草香精及广藿香香精等几种香精蒸汽的吸收功率。此外，他还关注地球环境，并深信温室效应在气候学上具有重要意义。

高山也是丁达尔的主要兴趣点。他每年都到阿尔卑斯山中旅行。他甚至是第一个登上瑞士最高山峰魏斯峰的人。他还与托马斯·亨利·赫胥黎（Thomas H. Huxley）合著并发表了关于冰川结构、作用及变化的科学研究成果。通过使用黏土和水进行实验，他们试图证明冰川运动并非仅类似黏性液体的流动，而是在冰块断层后再结冰的过程中，其运动方式与河流如出一辙。

巴黎高等矿业学校的教授和塞夫勒皇家陶瓷手工工厂的主管雅克·约瑟夫·埃贝尔蒙（Jacques Joseph Ebelmen）最早提出碳周期的变化在历史上导致了大气中"碳酸"（CO_2）含量的变化及由此导致的地球气候变化。然而，他的贡献时常被人们遗忘。几年后，丁达尔重新采用这一论断，以解释地质学家在研究中提出的长期气候变化问题。

在18世纪及19世纪初，德索叙尔等众多博物学家对阿尔卑斯山脉开阔的山谷中存在的大块岩石（即漂砾）及岩石碎块构成的小山丘（即冰碛）感到困惑：这些物体孤立地矗立在平原之中，其性质与当地的岩石截然不同。这些博物学家断定，它们是从数十千米甚至数百千米以外移动至此。当时，解释这种运动的理论仍然援引《圣经》中诺亚时代的大洪水作为原因，认为或直接由于水的机械作用，或间接由于"冰筏"将石块运送至此。

然而，一些来自瑞士山区的科学家基于对现存冰川的观察，认为这些谜团可以简单地由冰川运动来解释。尤其是，山谷中也存在一些山丘，与被冰川推动前进的前碛①类似，但是海拔较低，这表明冰川在过去规模更大。此外，很多历史资料也证实了这些地质学研究：由于结冰，一些在中世纪仍可通行的山口已无法进入了。冰川的推进甚至摧毁了一些建筑物。

有几位科学家在这些变化中观察到了真正的气候变化的迹象。瑞士瓦莱州的总工程师伊格纳斯·维内茨（Ignace Venetz）指出了某些野生或栽培植物的分布随着阿尔卑斯冰川的变化而变化。瑞士沃州高等矿业学校校长和洛桑科学院地质学荣誉教授让·德·卡彭蒂耶（Jean de Charpentier）重新采用了维内茨的观察结果，并将其推而广之。实际上，大多数科学家对这些崭新的观点有所保留。学术界的博物学家脱离了田野调查，仍然坚信只有液态水能够长距离地搬运这些漂砾。

然而，得益于维内茨、卡彭蒂耶及稍晚些的路易·阿加西斯（Louis Agassiz）等洞察力敏锐且坚韧不拔的科学家，"冰块搬运论"逐渐形成。维内茨设想过去可能存在一个冰川，从阿尔卑斯山脉延伸至汝拉山脉，而阿加西斯断定一个巨型

---

① 前碛是冰川暂时稳定时期在冰川前端的堆积物。

冰帽曾在冰川时期覆盖了北半球的部分地区，一直延伸至与地中海纬度类似的低纬度地区。

在欧洲学者开展研究的同时，美国地质学家，特别是托马斯·克劳德·张伯伦（Thomas C. Chamberlin）将美国境内的冰碛系统地绘制成地图。不久以后，张伯伦建立了冰期分类系统，一直沿用至今。也有科学家为从波罗的海南部至阿尔卑斯山脉北部的欧洲地区建立了类似的分类系统。德国地理学家阿尔布雷希特·彭克（Albrecht Penck）与爱德华·布鲁克纳（Eduard Brückner）于1909年发表了阿尔卑斯分类系统。这一系统并非基于冰碛研究，而是建立在另一种证据的基础上，即在多瑙河支流周围所观察到的河阶群①。

法国科学家约瑟夫·阿德玛（Joseph Adhémar）非常关注探险家所描绘的、覆盖于格陵兰岛及南极洲上的冰帽。他认为南半球正处于冰川时期，并试图确定这一现象的原因及发生的频率。尽管阿德玛没有任何地质年代数据，无法确定历次冰期的年代，但是他凭借天才的直觉，认为冰期是周期性的，因此由天体力学所决定。他试图通过援引不同季节的时

---

① 河阶群是指冲积梯田。

长变化来作出解释，这种变化与岁差现象^①密切相关。实际上，由于地球与太阳的距离根据地球在其轨道上的位置而变化，南北半球日照时长的季节差异就抵消了。

　　若干年以后，苏格兰地质学家詹姆斯·克罗尔（James Croll）重新采用冰期天文理论，并将岁差及地球轨道偏心率变化纳入考虑范围，而阿德玛对这些变化一无所知。克罗尔将自己沉浸在天体力学的研究中。他分析出阿德玛的错误，并根据日照时长的季节反差，建立了一套更复杂的理论。然而，直到半个世纪后，塞尔维亚数学家米卢廷·米兰科维奇（Milutin Milankovitch）才在研究中对冰期天文理论进行了完整的表述，并最早测算出不同纬度日照时长的具体数值。张伯伦与瑞典化学家斯凡特·阿伦尼乌斯（Svante Arrhenius）等学者在解释冰期时，摈弃了冰期天文理论，转向从内部且与地球相关的角度作出解释。他们重新采用了丁达尔在几十年前提出的想法，认为大气中的二氧化碳气体导致温室效应，并引入温室效应的时间变化因素。

　　阿伦尼乌斯也认为历次冰川时期均由大气中二氧化碳气体含量下降所导致。在 1896 年发表的论文中，他利用地质学

---

　　① 岁差现象是指一个天体的自转轴指向因为重力作用导致在空间中缓慢而持续的变化。

家对冰川沉积物覆盖范围的观察，推断出这一时期的温度比当时低4℃—5℃。根据阿伦尼乌斯的测算，气温普遍下降的原因可能是大气中二氧化碳气体的含量下降了40%。他还预见了气候系统的放大效应，这些效应由冰雪覆盖范围的扩大及洋流所导致。

对阿伦尼乌斯而言，这些关于温室效应的研究较为边缘化。然而，它们是斯德哥尔摩物理学会所开展的部分研究。该学会经常将关注地质学、气象学及天文学问题的科学家会聚一堂。阿伦尼乌斯提及了一位地质学同事的研究成果，并解释道：碳的自然周期具有复杂性，这使我们完全可以预见碳流动的微小变化就可以导致大气层中二氧化碳气体含量的重大变化，而大气层是总循环中最小的储存容器。阿伦尼乌斯强调，从长期来看，大气层中二氧化碳的含量将在总体上保持动态平衡，如果火山二氧化碳的释放与硅酸盐风化二氧化碳之间失衡，因此可能在火山气体与硅酸盐化学变质之间保持稳定。而硅酸盐化学变质对储存二氧化碳气体发挥重要作用。

与此同时，张伯伦补充了阿伦尼乌斯所使用的关于碳周期的概念。这位美国地质学家发现存在反馈作用，这种作用促进了冰川时期大气层中二氧化碳含量的降低。他特别提到对CO_2溶于水产生的冷却作用。此外，海水退潮后显露出的岩石还受到碳酸的化学溶蚀。张伯伦甚至描述了海平面对碳周期的反馈作用。他认为，这些效应在长期及短期内重叠，改变二氧化碳的含量，因此可能导致冰川波动。

冰期研究是气候学领域历史中一个非常典型的例子。本序起始段落已提到，学者同时通过三种角度对这一复杂的现象进行了研究：对现有研究对象的纯粹描述、对基本物理机制的理解以及地球上这些真正的变革的历史意义。这三种研究方法为现代很多气候事件的研究奠定了基础。

在 19 世纪，大量使用煤炭的工业革命正在如火如荼地开展。几乎没有科学家担忧人类活动在长期以及世界范围内产生的后果。科学进步可能导致麻烦，这一事实似乎并未影响当时的技术界，也未影响政治家。然而，阿伦尼乌斯对人类活动的影响感到些许忧虑。他是首个预测到工业中大量使用化石燃料将导致地球平均气温上升的人。他于 1896 年发表的文章阐述了二氧化碳对气温的影响，这篇文章非常具有预见性。

阿伦尼乌斯通过计算得出，工业发展所导致的二氧化碳含量翻倍可能使地球温度上升 5℃。我们吃惊地观察到，阿伦尼乌斯在一百多年前作出的预测与政府间气候变化专门委员会（IPCC）的专家于 2007 年发表的预测结果相一致。实际上，阿伦尼乌斯很幸运，因为他当时所拥有的关于二氧化碳引起温室效应的基本数据及大气层的模型极为简单。然而，阿伦尼乌斯的计算证明，在纬度最高的地区，二氧化碳含量增加的影响更大。他还预测局部地区的反照率随着冰雪覆盖面积的下降而有所提高。阿伦尼乌斯还提到昼间及季节周期的缩短以及海洋与大陆温差的加大。但是，他并未对预测到的气候变化感到忧心忡忡，而是将其视为缓解斯堪的纳维亚半岛严酷气候的方法。

过去几个世纪的学者既不具备精确的测量技术，也不拥有大规模的信息。然而，这些先驱凭着很多有预见性的直觉，建立了我们沿用至今的主要基本概念。直到20世纪下半叶，测量技术的真正变革才来临，使我们能够系统地探测气候系统的所有组成部分，特别是大气层上、海底及冰帽内部。

气象预测必须时刻追踪气候参数，这一需要促使了全球气候测量站网络的建立。一般来说，测量站记录大气温度、降雨性质及降雨量、云量、风力及风向、气压、大气湿度以及大气和灰尘的化学成分。

自20世纪60年代以来，卫星传感器完成的分析补充了通过固定监测站、气象气球及海洋浮标所得到的数据。这些新获取的测量值涉及云、风和雨、蒸汽和气溶胶、海洋和冰帽的地形测量、海面海水温度及叶绿素含量。虽然以上列出的项目并不详尽，但是已经表明地球卫星观测系统测量的参数极其多样。

如今，得益于远距离传输和数据的数字储存技术的应用，我们可以实时查看这些气候数据。我们还使用了功能最强大的计算机将它们进行比较，并研究不同时间段数据变化的趋势。从整体上来讲，这些数据也是数字模型的气象背景。这些模型的构建立足于很多基础物理定律，而且能够预测气候。

与这些先驱学者所处的时代不同，当代人类活动已明显干扰自然平衡，而在工业时代之初仍然保持着与自然的平衡。温室气体的增加量约相当于太阳辐射流的 1%，是一个相当大的量。这一增加主要由于化石燃料的燃烧并转化为二氧化碳。从地质学及人类历史的角度来看，温室气体含量增加的幅度，特别是增加的速度是前所未有的。目前，这种情况已对地球气候造成严重影响，并将气候学与相关科学家置于激烈的社会争论的中心，并且涉及我们的生活方式以及全球政治、经济与外交。我们仅能想象，并开始想象 19 世纪的先驱学者对现今的情况会如何评价，尤其是约瑟夫·傅里叶、克劳德·普耶、约翰·丁达尔、詹姆斯·克罗尔、托马斯·克劳德·张伯伦与斯凡特·阿伦尼乌斯。

爱德华·巴德（Edouard Bard）

法兰西公学院（Le Collège de France）教授

气候与海洋环境变化教席持有者

法国埃克斯市欧洲环境地学研究与教育中心（CEREGE）副主任

欧洲科学院（Academia Europaea）院士

"这部奠基性论文集向我们展现的是一门科学的诞生，而当时的学者并未预见到这门学科的巨大现代意义。"

什么谈话主题比"外面天气如何"更加受到大众喜爱？无论何时何地，人们都对气象学有着浓厚的兴趣。人类应当从一个全新的时间和空间的角度，去审视自己的生存环境。近20年来，致力于地球气候研究的科学界就80年来、在全球范围内均可观察到的一个现象向我们发出了警示：150年以来，地球表面的温度不断上升。气候变暖，尤其是当今世界气候变暖，主要原因是人类活动导致大气层中温室气体的含量增加。科学家已经借助于气候模型，模拟了未来全球气候的变化，这一趋势可能无法扭转。人们预测，到21世纪末，全球平均气温可能上升1℃—6℃。对于较高的预测值，人们表示与一万多年前上一次冰消期所观察到的幅度相似。如何将这个在日常生活中无法感知及观察的现象向普通公众解释清楚（除了那些久居于冰川附近或极地地区，因为他们对此有所了解）？除了警告人们昼夜温差和冬夏温差的大幅减少，如何让公众理解此现象的重要性？

在一些环保运动发表的毫无用处且令人惊慌失措的言论

与在一些关键问题上过度乐观的态度之间，公众很难对此现象有准确的理解。媒体的报道也无济于事：气候异常通常被错误地归咎为全球气候变暖。但是，科学研究的结果不容置疑，政府间气候变化专门委员会（IPCC）定期概述并证实这些研究：大气层中二氧化碳含量上升只能增加低层大气层及地表储存的能量，结果是升高地表温度，最终达到新的辐射平衡。长久以来，作为对这种新的辐射驱动作用的回应，科学界的争论焦点已转移至气候系统逆作用量化的不确定性，而不再讨论温室效应的现实。

这部奠基性论文集的可贵之处在于，它将气候科学无法回避的基础重新置于思考的核心。从傅里叶于1824年对地球和空间之间的热量交换作出初步推断，到斯凡特·阿伦尼乌斯于1896年首次通过复杂计算而估算出气候对二氧化碳含量变化的敏感度，展现在我们面前的是一门科学的诞生，而当时的学者并未预见到这门学科的巨大现代意义。

除了引人入胜的科学内容，这些文章也揭示了很多直至今日依然对气候学至关重要的观念。

气候研究需要运用跨学科的方法。这六位学者通过研究，结合了数学、物理学、化学及地质学领域必不可少的专业知识。此后，生物学通过生物地球化学周期的研究充实了气候研究的理论工具，经济学与社会学也介入了这一领域。得益于对其他行星气候及其卫星的研究，行星学也为提高我们的认识做出了贡献。

科学进步需要结合理论、实验、实地观察和模型构建。如今，虽然气候模拟在 21 世纪往往位于气候科学的最前沿，但是气候科学仍然首先是观察的科学，并将所有理论与当地的严酷现实进行对比。得益于卫星、数量众多的全球观测网络（气候变化、大气组成成分、生物地球化学周期、冰川、海洋）以及自然档案研究对过去气候与环境的重建，我们已经拥有严谨的监测工具，能够追踪地球的演化。约瑟夫·傅里叶在写文章时清楚地记下了观察的显著作用：

"数学分析……能够从普遍及简单的现象中推理出自然规律的表述；然而，应用这些具有复合效应的规律需要进行一系列长期且精确的观察。至于实验室开展的实验，它们继续耐心地再现气候构成机制的各个部分。如同实地观察一样，它们是为气候模型提供必要的方程式所必不可少的。为使可靠性达到最高，这些实验应当一直被复制、永久可复制并不断完善，正如克劳德·普耶针对其吸收测量值所说的：'……至于我实验得出的数据，它们在未来应当被修改；以后的研究……将有必要为这些数据赋予其应有的准确性。'"

在这些勇往直前的学者所生活的时代，人们可以单枪匹马地处理科学问题。如今，与很多其他学科一样，气候研究经常由大型国际研究团队合作开展，并引领这门科学的突破。至少对于如地球气候这样复杂系统的研究，我们确实经历过学者在实验室中独处、大喊"我发现了，我找到了！"的阶段。

根据之后获得的知识，这些研究者的论文也可能存在谬误，因此他们也是会犯错的人类。当斯凡特·阿伦尼乌斯断言："一些美国地质学家认为，上一次冰川时期距今仅七千或一万年，但是这一数字可能被严重低估了"，他的说法有误：这些美国地质学家所言属实，在几十年后就得到了论证。

这些文章中也有极具现实意义的思想。当托马斯·克劳德·张伯伦说道：

"在已接受假设的基础上增加一个对立假设，是对现有假设提出质疑的一种具体形式，比任何抽象怀疑论都更能够使质疑的根源继续存在。"如今，面对抽象怀疑论者，如何才能更清楚地表达自己？一些抽象怀疑论者质疑政府间气候变化专门委员会的结论，而这些结论正是从当今最高水平的科学知识中得出的。当它们促使政界质疑能源生产或经济自由主义的领域里已经建立的某种秩序时，我们只能鼓励这些表面的反对者放弃他们积极否认的态度，这种态度是无结果的。希望他们统观气候变化的所有组成部分及表现，针对当前气候变化的原因提出真正的对立科学假设，并致力于支持这些假设。我们仍在期待。

最后，我们怎能不对约瑟夫·傅里叶在文章中写下的这段预言表示钦佩呢？他于1824年写道："人类社会的建立与进步……可能在广阔的土地上显著改变地表状态、水的分布及大规模的大气运动。在几个世纪中，此类效应能够改变平均温度。"从那时起，186年过去了，事实证明他是正确的。

杰罗姆·夏贝拉（Jérome Chappellaz）
法国国家科学研究中心（CNRS）博士生导师
法国国家科学研究中心与约瑟夫·傅里叶大学合作建立的环境地球物理学和冰川学实验室（LGGE）
"气候：过去、现在及预测"研究组负责人

地球和行星际空间温度概述

载盖·吕萨克和阿拉戈先生主编:《化学与物理学年鉴》第 27 册,巴黎:Crochard,p.136—167,1824 年。①

约瑟夫·傅里叶(1768—1830)是一位法国数学家,以其发现的三角级数(傅里叶级数)及热量的解析理论而著称。20 世纪末,当人们意识到全球气候变暖问题的严重性后,他的名字重新成为被关注的焦点,因为他是温室效应理论的一位先驱者。在《地球和行星际空间温度概述》一文中,傅里叶提出大气作用使地表温度升高。与地球发出的红外线辐射(原文为"暗热")相比,太阳辐射更易穿过大气层。此外,这篇文章首次意识到人类对气候变化问题应承担的责任:"大气与水的运动、海洋的面积、地表上升与地表形状、人类工

---

① 本论文在经过微小改动后,以《关于地球与行星际空间温度的论文》为题,于 1827 年发表在《法兰西学会皇家科学院论文集》第七册,第 570—604 页。

业影响以及地表的所有偶然变化在任何气候条件下均改变温度。"因此，傅里叶的此篇文章为温室效应的原理奠定了基础，提出了人类活动对气候的影响，是科学史中必不可少的参考文献。

地球温度是自然哲学中最引人注目且最深奥的问题。这个问题由不同要素构成，我们应从整体上对这些要素进行思考。我认为在一篇论文中集中论述这个理论的主要结果大有裨益，这里省略的细节分析可以在我此前发表的著作中找到。我尤其希望向物理学家们概述所有现象及它们之间的数学关系。首先，有必要区别地球热量的三个来源：

（1）地球在太阳光的作用下升温，而太阳光的分配不均形成了多种多样的气候；

（2）由于地球暴露在围绕太阳系的无数天体的辐射中，它影响行星际空间的普遍温度；

（3）地球在其内部贮藏了各行星形成时所包含的部分原始热量。

我们将分别探讨以上三种原因及它们导致的现象。我们将在目前科学水平所允许的限度内，尽可能地将这些现象的主要特点阐述清楚。为了对此重要问题进行全面解读并指出我们的研究结果，我们在以下摘要中介绍了这些结果。在某种程度上，对于本篇文章及此前多篇论文所探讨的内容，本摘要都进行了推理和介绍。

我们的太阳系位于宇宙的一个区域中，这里所有的地点都有普遍而恒定的温度。这一温度由周围天体发出的光和热决定。行星际空间的低温并不比地球极地地区的温度更低。除非以下两种原因促使地球升温，地球的温度可能与行星际空间的温度相同：一是地球在各行星形成时所包含的内部热量，其中仅有部分热量通过地球表面消散；二是太阳光的持续作用，它穿透地球并在地球表面导致气候差异。

尽管地球的原始热量不再对其表面造成显著影响，但是地球内部蕴含的热量巨大。地球表面温度高于其所能达到的最低值，不超过 1/30℃：起初，地球表面温度迅速下降；然而在当前状态下，这种变化在以极其缓慢的速度继续。目前收集的观察结果似乎表明固体地球的同一条垂线延长线上不同点的温度随深度增加而升高，每 30—40 米升高 1℃。这样的结果意味着地球的内部温度非常高，此结果不可能是由于太阳光的作用所导致，而必然是地球自身从起源以来就包含的热量。

温度升高的幅度不尽相同（约为每 32 米升高 1℃），逐渐递减；然而，它还要经过成百上千年才能降至目前数值的一半。至此尚未探讨的其他原因是否能够解释同样的现象，地球热量是否有其他普遍或偶然的来源，我们将通过对比理论研究结果和观察结果来发现。

太阳向地球持续发出的热量在地球上形成两种截然不同的效应:一种是周期性效应,仅在地壳处完成;另一种是恒定效应,我们可以在地球深处观察到,比如地表以下 30 米处。这些地点的温度在过去一年中未出现显著变化,是恒定的;然而,这些温度在不同气候下有很大差异:它是由于太阳光的持续作用及其在地球表面从赤道向两极的分配不均所导致。对于今天所观察到的多种多样的气候我们可以确定它们在太阳光的作用下所形成的时间。所有这些结果与动力理论所得出的结果相符,动力理论使我们了解了地球自转轴的稳定性。太阳热量的周期性效应是由于昼夜或周年的变化。理论对这类现象均有精确且详细的描述。理论研究的结果和观察结果的对比将用来测量地壳组成物质的传导能力。

从总体上讲,大气层与水的作用使热量的分布更加一致。在海洋或湖泊里,温度最低的分子或密度最高的分子不断地向较低的区域移动。根据传导性能,此原因导致的热量运动比固体中完成的热量运动速度更快。若以数学的方法研究这种效应,可能需要进行大量精确的观察,此类观察也许能够辨明这些内部运动在水底减弱地球自身热效应的方式。

液体很难导热。然而,如同气态介质一样,它们也有向某些方向快速传输热量的特性。此特性结合离心力,使大气层与海洋的所有组成部分发生移动并混合在一起,形成有规律的巨大洋流。

大气的介入大大改变了地球表面的热效应。大气层由于自身重量而凝聚，太阳光穿透大气层，并对大气层不均匀地加热：由于稀薄的大气层会减弱太阳光，且吸收的太阳光较少，这些大气层温度更低。

太阳的热量以光的形式来到地球，具有穿透半透明固体或液体物质的特性。当它通过与地球交流而转化为暗热①辐射时，它就完全失去了此种性能。

光热与暗热的区别可解释透明体所导致的温度升高。水体覆盖了地球的大片区域。与暗热相比，极地地区的冰块更容易吸收光热，而暗热则从相反方向返回外太空。大气层的存在会产生相同的效应。然而，由于目前的理论水平所限且缺乏对比观察，我们尚无法对其进行准确定义。无论如何，太阳光投射至巨大固体物上产生的效应远远超过在太阳光下放置普通温度计所可能观察到的效应，这一点是毋庸置疑的。

最上层大气层的温度极低且几乎恒定，其辐射会影响我们所观察到的所有气候现象：它可能由类似凹面镜表面的反射作用而变得更强。阻挡太阳光的云可以缓和夜晚的寒冷。

我们观察到，地球的表面位于中心温度超过炽热物的固体与温度低于冰冻水星的巨大围绕物之间。上述所有影响同

---

① "暗热"可以理解为"红外线辐射"。

样适用于其他星体。我们可以想象它们都被置于围绕物之中，围绕物的平均温度保持恒定，接近地球两极的温度。天空的温度就是最遥远行星的表面温度。太阳光太过微弱，即使由于地表的地形分布而有所增强，也无法引起显著效应；我们通过地球的状态了解到，在形成时间不晚于地球的行星上，已不存在由于自身热量所导致的地表温度上升。

此外，对于大多数行星来说，两极的温度很可能并不高于太空温度。每个星体由于太阳活动所获得的平均温度尚不为人知，因为它可能取决于大气层的存在或地表的状态。我们只能用地球替代行星，获得地球平均温度的近似值。

在上述陈述后，我们将分别研究这一问题涉及的不同部分。首先，我们要作出说明，此说明涉及问题的所有部分，因为它基于热传导微分方程，我们可以分别计算已指出的三种原因所引起的效应，就如同每条原因均独立存在。然后，只需综合所有的部分效应。如同物体的几次振荡一样，这些效应可以自由叠加。我们将首先描述由于太阳光对地球持续作用所导致的主要结果。如果我们将温度计放置于地表以下很深的地方，比如地表以下 40 米处，温度计将显示恒定的温度。我们在地球各处均可观察到这种情况。在特定地点，地下深处的温度均为恒定，但是不同气候下的温度不同。一般情况下，越接近极地地区，这一温度值越低。

如果我们观察距地表更近的地点的温度，比如地表以下

5—10米处，我们会发现截然不同的结果。在一天或一年的时间内，温度都在发生变化。然而，我们要首先将发生温度变化的地壳排除，即假设去掉地壳，以便研究新的地球表面上所有地点的恒定温度。

我们可以设想，随着地球接受来自热源的热量，地球的状态不断发生变化。内部温度呈多变状态，且大幅升高，越来越接近不再变化的最终状态。球体上的每个点都获得并保持特定的温度，而此温度仅取决于这一点的情况。

在地球的最终状态下，热量穿透了其所有部分。此状态下的地球正如一个容器，有液体不断地由上方开口处注入其中，并有等量液体从一个或多个出口排出。

于是，太阳的热量在地球内部累积，同时不断地更新。它穿透靠近赤道的地表，并通过极地地区消散。我于1807年末在法兰西学会读到的一篇论文首次就这类问题进行了计算（第115条，第167页），这篇文章被存放于档案中。此后，我曾阐述过这一问题，目的是为此论文中所提出的新理论的应用提供范例，并分析和揭示太阳的热量在地球内部传导的方式。

地壳上的点距地表较浅，温度无法保持恒定。如果我们现在将地壳重新纳入考虑的范围，我们发现情况更加复杂，我们将在分析中进行全面阐述。在深度较浅处，如距地表3—4米处，每天观察到的温度不发生变化。但是，此处的温度在一年的时间内的变化幅度很大，交替出现温度升高或降低的情况。在不同深度，变化的幅度，即最高温度与最低温度的差，各不相同。与地表的距离越大，温差越小。

一条垂线上不同点的温度并非于同一时间达到极端值。温度变化的幅度与一年中对应最高、平均及最低温度的天气随着地点在垂线上的位置变化而变化。同样地，热量总量的下降与上升也是交替出现：所有这些数值已在不同实验中明确指出，并在分析中予以说明，它们之间均保持着稳定的关系。观察到的结果与理论得出的结果相符。这一现象已得到了全面阐释。垂线上某一点的年平均气温，即我们在一年中观察到的这一点温度的平均值，与深度无关。在同一条垂线上，所有点的温度都是相同的，也就是我们在地表以下很浅处观察到的温度：这就是地球深处的恒定温度。显而易见，在此观点的表述中，我们排除了地球内部热量的影响，更排除了可能改变某特定地点观测结果的其他附带原因。我们的主要目标在于辨别普遍现象。我们在上文中已谈到，可以分别考虑不同的效应。我们还应当观察到，本文中引用的所有数值仅被作为计算范例而呈现。那些能够提供必要数据的气候观察，比如能够使我们了解热容量及地球组成物质渗透性的观察，太不确定且太局限，以至于我们无法从计算中推理出具体结果。然而，我们还是要指出这些数据，以便说明如何应用公式。尽管这些估值与实际结果相差甚远，但是相比于缺乏数值应用而笼统地阐述，它们更能够使我们对现象有准确的了解。在最接近地表的地壳中，温度计每天显示的温度既有升也有降。这些昼间变化在地表以下 2—3 米处就不再明显了。在更下方的位置，我们只能观察到年变化，而年变化在更深处也将消失。

如果地球的自转速度无限加快，且地球的公转速度也无限加快，我们就无法观测到昼间温差及年温差了。地表上的各地点可能获得并保持与更深处一致的恒定温度。

总的来讲，在达到一定的深度后，温度不再呈现明显差异。这一深度与在地表上得到同一效应的时间有简单的比例关系，恰好与所需时间的平方根成正比。因此，昼间温差可穿透的深度为可观测到年温差的深度的十九分之一。

一篇于 1809 年 10 月提交至法兰西学会的独立论文首次阐述并解决了太阳热量的周期性运动问题。我从 1811 年末提交的一篇论文中得到了相同的答案，这篇论文也在我们的论文集系列中发表。

此理论还阐明了测量热量总量的方法。在一年内，热量总量决定四季的交替变化。通过选取这一公式应用的例子，我们旨在证明周期性变化的规律与完成此周期的热量总量之间存在必然联系。由于特定气候下的观察已揭示此规律，我们可以确定穿透地球和返回大气层的热量总量。因此，鉴于地球内部也遵循与之类似的规律，我发现了以下结果。

在地表温度上升至平均值的约四十五天后，地球开始变暖；在半年时间里，太阳光穿透地球。然后，地球热量向相反的方向运动；它从地球逸出，挥发于大气与外太空中。就巴黎气候而言，如果地壳由金属物质组成，比如熟铁（我在测量了熟铁的特定系数后，选此材料为例），造成季节交替的热量相当于使矗立于一平方米面积上的、高度为 3.1 米的冰柱融化所需的热量。尽管我们尚未测量地球组成物质的系数值，它们很明显大大低于上述数值，与热容量的平方根成正比，并与体积及渗透性有关。

现在，让我们来研究地球热量的第二个来源。我们认为，它来源于行星际空间。假设太阳与构成太阳系的所有星体均不复存在，且将温度计放置于天空中太阳系区域的任意一点，行星际空间的温度即为温度计显示的温度。

我们将指出证明行星际空间热量存在的所有主要事实，这一热量与太阳的存在及地球储存的原始热量无关。为了解这一奇特的现象，必须深入研究在仅接受太阳热量的情况下，地球的测温状态。为简化此项研究，可以首先假设大气层不存在。

然而，如果不存在任何能够使行星际空间保持平均且恒定温度的原因，即地球及构成太阳系的所有星体均被放置于不含有热量的围绕物中，我们可能观察到与所了解到的完全相反的现象。极地地区可能遭受严寒天气的侵袭，从赤道向两极气温逐渐下降的速度可能无限加快，下降的幅度也无限增大。

如果可以假设空间温度无限低，我们在地球表面观察到的所有热量效应均可能是由于太阳的存在。太阳与地球距离的微小变化可能导致温度大幅波动；昼夜交替可能骤然发生，与我们的现实情况截然不同。在黑暗降临时，星体表面可能进入无限的寒冷之中。动物及植物可能无法抵抗如此强烈且迅速的变化，而在日出时就可能发生相反的变化。①

地球内部储存的原始热量可能无法代替空间的外部温度，也可能不会影响前文描述的任何效应。尽管地表以下很浅处就可能蕴含着巨大的热量，但是我们通过理论研究与观察，确定了地球内部热量产生的效应在很久以来已经不对地表构成任何影响。

从各种观点中，并且主要从对这一问题的数学分析中，我们得出结论：至今仍存在一种降低地表温度的物理原因，它为地球赋予基础热量，此热量与太阳的作用及地球内部储存的热量无关。地球从空间接受的恒定温度与我们在两极地区所测量到的温度接近。它必然低于最寒冷地区的温度，但是，我们只能接受确定的观察结果，不能认为严寒的偶然效

① 温室效应将昼间循环缩短。1863年，苏格兰物理学家约翰·丁达尔对其影响进行了描述。

应可能是由蒸发、烈风或大气的偶然膨胀所导致。

如果空间并不存在基础温度，我们在地表观察到的热效应可能无法解释。在承认空间存在基础温度后，我们要补充的是此现象的来源显而易见。它由宇宙中所有星体的辐射所导致，宇宙的光和热可能直达地球：我们肉眼可见的星体、望远镜可观测到的无数星体或遍布宇宙的暗星体、围绕这些巨大星体的大气层以及在空间很多地区存在的稀有物质共同形成了穿透行星区域各处的光线。如果不承认包含明亮或发热星体的空间在任意一点均有特定的温度，我们无法设想存在一个由这些星体构成的系统。

星体的数量非常庞大，抵消了不同星体温度的高低不同，并使辐射几乎均等。

宇宙不同区域的空间温度均不同。然而，由于与辐射星体到空间的距离相比，空间的规模非常小，甚至两者无法比较，在所有行星均处于封闭空间的区域，温度无变化。因此，地球轨道上所有地点的温度均与空间温度相同。

我们系统中的其他行星也是如此，它们均影响平均温度。每个行星根据其到太阳的距离，在太阳光的作用下，平均温度都有所上升。至于确定每个行星获得的温度的问题，下文即为一套精确理论为解决这一问题提供的原理。这些行星表面热量的强度及分布是由其与太阳的距离、自转轴的倾斜度及地表状态决定的。即使是温度的平均值，也与位于行星的位置上且处于隔绝状态下的温度计所可能显示的温度有很大差异，因为固体状态、庞大的体积、大气层存在的可能性以及地表的性质均决定此平均值。

很久以来，地球内部储存的原始热量已经不再对地表产生非常显著的影响，因为我们从地壳的目前状态得知，地表的原始热量已几乎完全消散。根据太阳系的构成，我们认为每个行星或至少大多数行星的极地温度极有可能不低于空间温度。尽管所有星体到太阳的距离均不相等，所有星体极地地区的温度均相同。如果地球被其他行星所取代，我们能够以相当精确的方式得出地球所获得的热度。但是，由于需要了解地表及大气层的状态，行星的温度本身尚无法确定。

然而，对于如天王星等处于太阳系两端的星体，这种不确定性不再存在。显而易见，照射到这个行星上的太阳光非常微弱。因此，其表面温度与行星际空间的温度或我们在地球极地地区可能观察到的温度十分接近。我们已于最近在科学院发表的公共演讲中宣布了此项研究结果。我们认为此结果只适用于最遥远的行星。我们尚不了解能够准确确定其他行星平均温度的方法。

在任何气候条件下，大气与水的运动、广阔的海洋、地形的起伏与形状、人类工业的影响以及地表的所有偶然变化均使温度发生变化。由一般性原因导致的各种现象继续存在，但是在地表观察到的、影响测温的现象与无附带原因导致的现象截然不同。

水及空气的流动性会降低热效应及冷效应，使分布更加均匀。然而，大气运动不可能超乎这一普遍规律。此规律维持了行星际空间的平均温度。如果这一规律不复存在，即使大气与海洋仍继续发挥效应，我们可能观察到赤道与两极地区温度的巨大差异。

很难了解大气层在何种程度上对地球的平均温度产生影响，我们无法用常规的数学理论进行研究。旅行家德索叙尔先生开展了一次至关重要的实验，能够说明这一问题。此实验旨在将覆盖着一层或多层透明玻璃薄板的容器暴露在太阳光下，将一些薄板叠放于另一些薄板之上，并隔开一些距离。容器内部装一层厚厚的黑色木栓，以便接收及储存热量。无论在盒子内部，或是在两块玻璃板之间，各处都充满着热空气。置于容器内部及上方玻璃板之间的多个温度计显示每个空间的热度。此仪器在近正午时分被暴露在太阳下，我们在不同实验中观察到，容器中的温度计上升至70℃、80℃、100℃、110℃及更高列式温标。相比之下，玻璃板之间的温度计显示的热度低很多，并且从盒底向最上层间隙逐渐递减。

很久以前，我们就已观察到太阳热量对透明大气层的影响。我们在前文中描述的仪器旨在使所获得的热量达到最高水平，尤其是对比太阳对海拔极高的山峰及低矮的平原造成的影响。这一观察尤其引人关注，实验设计者从中得出了准确及广泛的结果。此实验在巴黎及爱丁堡多次重复进行，并得出了类似的结果。

很容易构想此仪器的原理。仅需注意以下问题：

（1）所获得的热量无法通过换气而立即消散，因此不断聚集；

（2）太阳发出的热量与暗热的属性不同。

在很大程度上，太阳辐射在直至盒底及玻璃板以外的所有空间中传递。它使空气及装有空气的容器壁升温：尽管如此传递的不再是光热，热量仅保留暗热辐射的共同属性。在这种状态下，它无法穿透覆盖容器的玻璃板，并在导热性极差的物质所包围的空间中不断聚集。温度不断上升，直到流入与散发的热量恰好抵消。我们可以验证这一解释，并使结果更加显著，比如通过改变实验条件，使用彩色或黑色玻璃，或将这些有温度计的空间设计为真空。当通过计算的方法来研究此效应时，我们发现计算结果与观察结果完全一致。当我们想要了解大气层及水对地球测温状态的影响时，有必要认真考虑此类事实及计算结果。

如果构成大气层的所有空气层均能够保持其本身的密度及透明度，且仅丧失流动性，此气团将变为固态，暴露于太阳光下，可能产生前文描述的同类效应。热量以光的形式到达固体地球，可能突然间失去几乎所有穿透半透明固体的能力。它可能在低层大气层聚集，因此低层大气层获得的温度非常高。同时，我们也可能观察到地表热度的降低。空气具有流动性，能够向各个方向快速地流动。当温度升高时，空气发生上升运动。空气中的暗热辐射降低了在透明及固体大气层下可能发生的效应的强度，但是无法完全改变这些效应的性质。热量在高层空气中逐渐降低，而温度可以在大气层的干预下升高，因为与转化为暗热重新穿过空气相比，热量以光的形式穿透空气所遇到的障碍更少。

现在，我们将探讨地球自身在各行星形成时期所拥有的热量，这些热量在行星际空间寒冷气温的作用下持续在地表消散。

内部热火是导致多个重要现象的永恒原因，这一观点在哲学史的所有时代均有所更新。由于长期浸入某种环境中，固体星球的温度上升。如果它被移动至一个温度持续低于此前环境的空间，可能持续丧失原始热量。如今，我们再次提出此观点的目的是准确了解其丧失原始热量所遵循的规律。数学科学的最新进展使我们能够实现此目标。在此项研究中，我们主要旨在确定目前地球表面的温度是否仍然可能出现显著的变化。

地球的形状、钟摆实验所揭示的内部地层的规则分布、其密度随深度的增加而增加以及其他各种因素均证明曾有酷热穿透了地球的所有部分。此热量通过在周围空间中的辐射而消散，而周围空间中的温度大大低于水的冰点。然而，冷却定律的数学表达证明，与地球大小相同的球体所含有的原始热量在地表下降的速度远高于地下深处。在无限长的一段时间内，地下深处几乎储存着所有的热量。这些结果的真实性毋庸置疑，因为我们已经通过比地球组成物质导热性更好的金属物质计算了这些时间值。

然而，仅通过理论，我们显然无法得知这些现象所遵循的规律。还需研究是否能够在可进入的地层中找到核心热量的迹象。比如，应当在地表以下已完全观测不到昼间温差及年温差的地方，证实地下垂线上所有地点的温度是否随深度的增加而上升。当今几位最博学的物理学家所收集和讨论的观察结果告诉我们，温度的增加持续存在：约每30—40米上升1℃。科学院最近开展的热源热量实验证实了此前观察所得出的结果。在承认这一事实为直接观察所得的前提下，我们要探讨的理论问题旨在发现仅从这一事实就可推断出的确定结果，并证明它决定：

（1）热源的状态；

（2）地表上仍然持续存在的温度升高的现象。

很容易下结论，温度随深度增加而升高的现象不可能由太阳光的持续作用而引起。另一项准确的分析也得出了这一结论。太阳发出的热量曾在地球内部累积，但是这一进程已几乎完全停止。如果热量仍然在持续累积，我们可能观察到温度在与前文描述相反的方向不断升高。

因此，导致较深地层温度更高的原因是在我们可进入的地层下方有恒定或可变的内部热源。此原因使地表温度超过单纯的太阳辐射的热量。

这一原因导致的温度升幅几乎无法感知。然而，我们确定这一现象存在，因为在温度升高值（每米）与地表温度升高的幅度（在可能导致温度升高的内部原因不存在的情况下）之间存在数学关系。对于我们来说，以深度为单位测量温度的升高值与测量地表温度升高幅度是同一种情况。

在铁球中，如果每米温度上升 1/30℃，仅可能使目前的表面温度上升 1/4℃。在其他条件保持不变的前提下，此升幅的直接原因为外壳组成物质的自身导热性。因此，由内部热源导致的地球表面温度的上升幅度非常小，很可能低于 1/30℃。需要注意的是，此结果可能适用于我们对原因的性质进行的所有假设，或者视为局部或普遍原因，或者视为恒定或可变原因。

当我们根据热量理论的原理，认真研究关于地球形态的所有观察结果，我们只能相信地球在其形成之初就获得了极高的温度。另外，测温观察表明，目前地壳中热量分布可能正是地球在极高温环境下形成后，温度持续下降所形成的：应当注意到这两种观察结果的一致性，这一点是至关重要的。

对我们来说，地球温度的问题一直是宇宙研究的一个重要对象。此前，我们主要通过建立热量的数学理论来研究这一问题。起初，地球由于浸于高温环境下而升温，后来被迁移到寒冷的环境中。自从研究之始，我们就希望了解地球内部温度的规律。上文引用的发表于 1807 年的论文已包含对这一问题的全面解答，而之前此问题从未被探讨过。

因此，我们已经确定了地球的可变状态。在很长时间内，地球一直处于高温环境中，后来移动至寒冷的空间中。我们的实验已经得出了地球组成物质的诸多特性。此外，我们还研究了地球的可变状态，地球曾连续处于两种或多种不同温度的环境中，最终可能在恒温空间中冷却下来。在探讨此问题答案的一般性结果后，我们特别研究了以下情况：在高温环境下获得的原始温度可能已经成为整个行星的平均温度。假设固体地球的体积巨大，我们探求了表面附近地层温度逐渐降低的幅度。地球最初的形成过程与我们所研究的类似。如果我们将此分析的结果应用于地球，以了解其最初形成所产生的连续效应，我们发现此前由核心热量所引起的温度升幅大大高于每米上升 1/30℃，而且现在的温度变化非常缓慢，需要到三万多年后温度才能降至目前值的一半。

表面温度的变化遵循的规律相同。温度在一个世纪内下降的幅度等于目前的数值除以从温度下降开始后经历的世纪数量的两倍。由于通过古迹所得知的历史年代有限，我们的结论是：自亚历山大的希腊学派直至今日，地表温度下降的幅度不超过 1/300℃。在此，我们重新发现了宇宙所有重大现象的稳定性。由于目前温度下降的幅度极小，并将在未来无限的时间内继续下降，此稳定性是必然的结果，与最初状态的任何因素均无关。

因此，地球储存的原始热量对地壳表面的影响已变得难以感知。然而，由于不同地层的温度随着深度的增加而升高，地球原始热量的影响在可进入的地下较深处仍然非常明显。按照测量单位来看，温度升高的幅度在地下更深处的数值可能不同：它随深度的增加而降低。但是，同一理论表明，地表温度升高值几乎为零，而在地下几十千米处可能极高，以至于中间地层的热量可能远超过炽热物。

在过去几个世纪中，这些内部温度发生了巨大的变化。然而，地表的变化已经完成。此后，地球自身热量的持续衰减无法再导致气候变冷。

相比于地球长达百年的气候变冷可能引起的温度变化，其他附带原因可能导致某地点的平均温度发生无比显著的变化。我们也应当观察到这一点，这具有重要意义。

人类社会的建立与进步以及自然力量的作用均可能在广阔的土地上显著改变地表状态、水的分布及大规模的大气运动。在几个世纪中，此类效应能够改变平均温度，因为很多分析包含与地表状态相关的系数，这些系数对温度值产生很大影响。

尽管地表上内部热量的效应已不明显，但是此热量在限定时间内（如一年或一百年）消散的总量是可以测量的，而且我们已经确定这一总量的数值：那些在一百年内穿透一平方米面积的地表并消散在天空中的热量可以融化一个底面积为一平方米且高约三米的冰柱。

此结果来自于一个基本命题，这一命题可以适用于所有与热量运动有关的问题，特别是地球温度：我想谈的是可以呈现任何时刻地表状态的微分公式。此公式很容易证明和展示。它能够在地表某要素的温度与热量的正常运动之间建立起简单的关系。此结果的有效性与星体的形状和大小无关，与内部组成物质的一致性或多样性也无关，这使得它至关重要，且比任何其他结果都更能够解释本论文研究的问题。因此，我们从此公式中推理出的结果是绝对的。无论地球的物质组成或原始状态如何，这些结果均继续有效。

我们已经在《化学与物理学年鉴》中发表了一篇论文[1]的节选，目前尚未刊印。此论文旨在将对巨大球体或固体板中的热量运动分析应用于地球。在节选中，我们转述了主要表述，特别说明了固体的多变状态，直到其特定深度且极深处，或最深处，固体一直受到均匀加热。如果原始温度与地表以下极深处的温度不同，且此温度是由于地球连续浸于不同环

---

[1] 节选自《关于地球在一百年间气候持续变冷的论文》，《化学与物理学年鉴》，1820年，第十三册，第418—438页。

境所导致，得出的结果将很复杂且引人关注。然而，我们转述的一般性表述中包括此种情况以及我们已经研究过的许多其他情况。

在分别解释地球温度问题的原理后，我们应当以一般视角将所有上述效应汇集在一起。由此，我们能够对所有现象有准确的了解。

地球接受太阳光，太阳光穿透地球并转化为暗热。此外，地球在形成之时就拥有自身热量，这些热量从地表持续消散。最后，地球同时接受来自太阳系无数星体的光和热。以上即为决定地球温度的三个一般性原因。第三个原因，即其他星体的影响，相当于存在巨大的封闭围绕物，其恒定温度可能与我们在极地地区观测到的温度接近。

我们也许可以假设热辐射具有至今未知的特性，在某种程度上，这些特性可能由空间的基本温度所导致。然而，以目前物理学的发展水平而言，所有已知事实均可得到合理的解释。我们仅需付诸积极观察所得出的各项特性，而无须假设其他特性。只需想象这些星体处于温度恒定的空间中。所以，要使测温结果与我们观测到的类似，我们尝试了确定这一温度应达到的数值。否则，如果承认空间的绝对寒冷，测温效应可能大相径庭。但是，围绕物使此空间封闭。如果逐渐升高此围绕物的平均温度，我们将看到与已知效应相类似的情况。因此，我们可以断言，如果星体辐射使行星际空间中的所有地点均保持已指出的温度，目前的现象就可能发生。尚未消散的内部原始热量仅对地球表面产生极微小的影响，其影响在较深地层中非常明显，导致温度升高。在地下极深处，温度可能超过我们已测量到的最高值。

在地壳较浅的地层中，太阳光的效应具有周期性。而在地下深处，此效应表现稳定。在地下部分中，并非所有位置都具有相同且稳定的温度，这主要取决于所处的纬度。

太阳热量在地球内部累积，而地球状态已不再改变。两极地区流失的热量完全抵消了穿透赤道地区的太阳热量。因此，地球将接受的所有太阳热量及部分自身热量均返回到天空中。

太阳热量的所有地面效应均由于大气层的介入及水的存在而改变。这些流体的大规模运动使太阳热量的分布更加均匀。

水与空气的透明度提高了地球所获得的热度，因为光热较容易穿透地球并进入地球内部，而暗热则很难从相反方向流失。

巨大的太阳热量使四季不断交替。它们在地壳中游移不定。在一年的时间内，有半年在地表以下，半年从地球返回到大气中。大量实验旨在精确地测量太阳光在地表所产生的效应，这些实验最能够清楚地阐释这一问题。因此，我们怀抱着最浓厚的兴趣，倾听了普耶教授[1]宣读其论文。本论文并未提及他的实验研究，我们仅是不希望提前发表普耶教授将在不久后完成的报告。

在本文中，我集中了地球温度分析中的所有主要元素。我在很久以前发表的研究成果构成了本文。在我开始阐述此类问题时，当时并不存在任何热量的数学理论，人们甚至不相信建立这种理论的可能性。我在多篇论文及多部专著中建立了这一理论，并对一些根本问题提供了准确答案。几年以来，我将这些研究成果提交并进行公开交流，也在多部科学论文集中将它们发表并进行分析。本文还有另一个目的，即呼吁公众关注物理学领域中的一个最重要问题，并介绍不同的观点及一般性结果。这一研究主题过于宽泛，我们不可能解决其中的所有疑问。除通过艰难与新颖的分析所得出的结果以外，此研究主题还包括各种各样的物理学因素。

随后，我们将开展更多精确的观察，研究热量在液体及空气中的运动规律。我们也许能够发现热辐射的其他特性，或使地球温度发生变化的其他原因。然而，我们已经了解热量运动的所有主要规律。此理论的基础不变，并构成数学的新分支学科。如今，它包括热量在固体与液体中运动的微分

---

[1] 克劳德·普耶，《关于太阳热量、大气辐射和吸收功率及空间温度的论文》，载 1838 年发表的《法国科学院会议记录》。

公式、首批公式中的积分以及关于热辐射平衡的定理。

在未来，这些理论的适用范围将更广，需要有大量精确的实验才能将它们不断完善，因为数学分析（请允许我们在此再次提出此思考）① 能够从普遍及简单的现象中推理出对自然规律的表述；但是，如何应用这些具有复合效应的规律尚需进行一系列长期且精确的观察。

---

① 《热量的解析理论》一书的起始段落。此为原文中的脚注。

关于太阳热量、大气辐射和吸收功率及空间温度的论文

克劳德·普耶，法兰西学会皇家科学院院士、巴黎科学学院物理学教授、法国皇家工艺学院院长、众议员等。

节选自《法国科学院会议记录》，1838 年 7 月 9 日会议

克劳德·普耶（1790—1868）是一位法国物理学家，因其以实验的方法测定太阳常数（即地球大气层外部入射太阳辐射流的数值）和大气层对太阳辐射的吸收而著名。在《关于太阳热量、大气辐射和吸收功率及空间温度的论文》中，普耶为测量穿透大气层的辐射交换开辟了道路。尽管我们有时会遗忘或低估他的研究，但是这些研究为理解决定全球气候的物理现象做出了杰出的贡献。

本论文旨在确定：在特定时间垂直落在特定表面上的太阳热量；此热量在垂直下落过程中被大气层吸收的比例；多个倾斜角的辐射吸收规律；地球在一年中从太阳接收的总热

量；太阳整个表面在每个瞬间发出的总热量；为确定太阳是否逐渐变冷所需了解的要素，或是否存在能够解释太阳热量不断流失的原因；能够使我们确定太阳温度的要素；在已知某一星体表面、温度或辐射的前提下，它所发出的热量的绝对值；仅流失而不吸收热量的星体温度下降的规律；对于具有与大气层类似的透热包裹体的星体，其温度平衡的一般条件；上层大气层温度下降的原因；其温度下降的规律；空间的温度；如果太阳的作用无法感知，我们在地球表面各处所观测到的温度值；太阳热量导致的温度上升；地球接受的太阳热量与从空间或所有其他天体所吸收热量的关系。

很难简要概述以上所有研究。因此，此节选内容显得冗长，而对若干观点的阐述较为简洁，我对此深表歉意。很遗憾的是，我无法在此进行更详细的阐述，尤其无法回顾与此主题相关的现有研究，特别是德·拉普拉斯先生（de Laplace）、傅里叶先生以及普阿松先生（Poisson）的研究。

1.我试图通过三种截然不同的方法确定太阳热量。

（1）在我的《地理学与气候学要素》（*Éléments de Physique et de Météorologie*）第一、二版中描述的仪器；

（2）直接太阳热力计；

（3）带透镜的太阳热力计。

直接太阳热力计如图1所示。

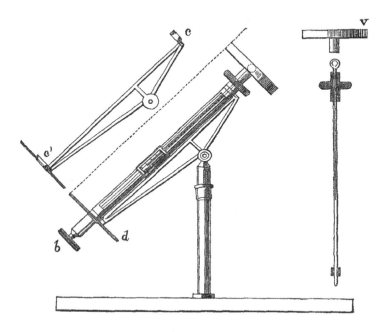

图 1　直接太阳热力计

　　v 为银制或包银的细长容器，直径为一分米，高度为
14—15 毫米，装有约 100 克水。容器塞将温度计固定于容器
上，将容器塞装在金属管上，金属管的两端固定有轴环 c 及
c'，转动容器塞 b 时，整个仪器都以温度计为轴转动，容器中
的水不停地搅动，使水温整体一致。圆环 d 接受来自容器的
阴影，用于改变仪器的方向。容器表面接受太阳的作用，已
用炭黑将其仔细地涂黑。

　　此实验的操作步骤如下：容器中的水温与周围温度几乎
相同，我们首先将热力计置于阴影中，但是在非常接近可接

受太阳光的地方，将热力计垂直放置 4 分钟，记录其每分钟的温度上升或下降的情况。在接下来的一分钟内，我们将其放置在遮光板后，改变热力计的方向，在一分钟（即第 5 分钟）过去后，拿走遮光板，使太阳光垂直射在热力计上。在 5 分钟里，热力计在太阳的作用下，温度逐渐上升，且上升的速度变得非常快，我们使水保持不断搅动的状态。第 5 分钟后，我们重新放上遮光板，使仪器保持最初位置并取出仪器，在接下来的 5 分钟里，继续观察其温度下降。

假设 R 为热力计在 5 分钟内由于太阳作用所导致的温度升高值，r 和 r' 为此作用发生前与发生后的 5 分钟内的温度下降值，很容易计算出由于太阳热量导致的温度升高值 t 为

$$t=R+(r+r')/2$$

假设 d 为容器的直径（以厘米为单位），p 为容器内水的重量（以克为单位），p' 为容器自身的重量及温度计延长部分的重量，此重量被降低至热量等于 1 时的值，我们计算出观测到的温度升高值 t 对应的热量为 $t(p+p')$。

此热量在 5 分钟内落在面积为 $(\pi d^2)/4$ 的表面上，每单位的表面在 5 分钟内吸收的热量为：$[4(p+p')]/(\pi d^2)\,t$，在一分钟内吸收的热量为 $4(p+p')/(5\pi d^2)\,t$。

对于我使用的仪器而言，每平方厘米表面在一分钟内吸收的热量值为 $0.2624\,t$。

带透镜的太阳热力计包含一个直径为 24—25 厘米、焦距

为 60—70 厘米的透镜，银制或包银的容器位于透镜的焦点处，容器内装有 600 克水；无论太阳的高度如何，容器的形状及透镜的设计都能使太阳光垂直照射在透镜及容器的正面，容器正面使透镜的焦点处接受并吸收太阳光。

开展这些实验的方法与使用之前的仪器所进行的实验相同。每分钟内每平方厘米所吸收的热量可以通过类似的公式确定。仅有一处需要修改，即透镜吸收的热量，此修改可以通过比较带透镜的太阳热力计与直接太阳热力计所获得的结果而完成。在我实验使用过的透镜中，吸收最少热量的透镜仍然能够吸收八分之一的入射热量。当无法在空气静止的条件下开展实验时，我们有必要使用带透镜的太阳热力计。当风力不大时，风对 600 克水在 5 分钟内的温度下降基本不构成影响，水温仅比周围温度高 4℃—5℃。因此，此修改的幅度仍然较小。

2. 表 1 包含五组实验，足以说明直接太阳热力计的运行方式。第三栏为观测到的温度升高值；我们将在下文指出第二栏及第四栏的数据的获得方法。

表 1　实验数据

观察时间	大气层厚度或 ε	观测到的温度升高值（℃）	计算出的温度升高值（℃）	差异
1837 年 6 月 28 日观察				
早 7 点 30 分	1.860	3.80	3.69	+0.11

观察时间	大气层厚度或 ε	观测到的温度升高值（℃）	计算出的温度升高值（℃）	差异
早 10 点 30 分	1.164	4.00	4.62	−0.62
正午	1.107	4.70	4.70	0
1 点	1.132	4.65	4.67	−0.02
2 点	1.216	4.60	4.54	+0.06
3 点	1.370	…	4.32	0
4 点	1.648	4.00	3.95	+0.05
5 点	2.151	…	3.36	…
6 点	3.165	2.40	2.42	−0.02
1837 年 7 月 27 日观察				
正午	1.147	4.90	4.90	0
1 点	1.174	4.85	4.86	−0.01
2 点	1.266	4.75	4.74	+0.01
3 点	1.444	4.50	4.51	−0.01
4 点	1.764	4.10	4.13	−0.03
5 点	2.174	3.50	3.49	+0.01
6 点	3.702	3.35	3.42	−0.07
1837 年 9 月 22 日观察				
正午	1.507	4.60	4.60	0
1 点	1.559	4.50	4.54	−0.04
2 点	1.723	4.30	4.36	−0.06

观察时间	大气层厚度或 ε	观测到的温度升高值（℃）	计算出的温度升高值（℃）	差异
3 点	2.102	4.00	3.97	+0.03
4 点	2.898	3.10	3.24	-0.14
5 点	4.992	…	1.91	…
1837 年 5 月 4 日观察				
正午	1.191	4.80	4.80	0
1 点	1.223	4.70	4.76	-0.06
2 点	1.325	4.60	4.62	-0.02
3 点	1.529	4.30	4.36	-0.06
4 点	1.912	3.90	3.92	-0.02
5 点	2.603	3.20	3.22	-0.02
6 点	4.311	1.95	1.94	+0.01
1837 年 5 月 11 日观察				
11 点	1.103	5.05	5.06	-0.01
正午	1.164	5.10	5.10	0
1 点	1.193	5.05	5.06	-0.01
2 点	1.288	4.85	4.95	-0.10
3 点	1.473	4.70	4.73	-0.03
4 点	1.812	4.20	4.37	-0.17
5 点	2.465	3.65	3.67	-0.02
6 点	3.943	2.70	2.64	+0.06

3. 在过去几年中，我获得了大量的相似结果。此后，我试图找到一条能够较为精确地代表所有观察结果的规律。为此，我首先计算了每次实验中太阳光所需穿透大气层的厚度。这些数值可通过以下公式获得：

$$\varepsilon = \sqrt{2rh + h^2 + r^2\cos^2 z} - r\cos z$$

其中，r 是地球的平均半径，h 为大气层的高度，z 为太阳的天顶距；取 $h = 1$，$r = 80$。

与其每次通过观察太阳的高度来确定天顶距 z，我更倾向于取实验中的确切时间，并从以下公式中推理出 z 的数值：

$$\cos z = \sin v \sin d + \cos v \cos d \cos H$$

其中，v 为观测地点的纬度，d 为太阳在正午时分的偏斜角，H 为实验时的太阳时角。

通过上述两个公式，我计算出了大气层的厚度，详见表1的第二栏。

4. 通过对比太阳热力计观测到的温度上升与对应的大气层厚度，我发现可以通过以下公式来表示这些结果：

$$t = Ap^\varepsilon$$

其中 A 与 p 为两个常量。

此外，我们在每组实验中进行两次观察，以便确定这两个常量。我们在所有实验中均得到相同的数值 A 及各不相同的数值 p。A 为固定不变的常量，与大气层的状态无关，p 为同一天中固定不变的常量，根据天空是否绝对晴朗而每天发生变化。因此，在公式中，A 为太阳常数，主要包含太阳恒定热力，而 p 为大气常数，主要包含大气层为使较大比例的入射太阳热量抵达地表所具有的可变热传导率。

数次实验得到 A 的数值为 6.72℃，p 的数值如表 2 所示。

表 2　p 的数值

实验日期	P 的数值	$1-p$ 的数值
6 月 28 日	0.7244	0.2756
7 月 27 日	0.7585	0.2415
9 月 22 日	0.7780	0.2220
5 月 4 日	0.7556	0.2444
5 月 11 日	0.7888	0.2112
冬至日	0.7488	0.2512

正是通过这些 A 和 p 的数值以及公式 $t = Ap^e$，我计算出了表 1 第 4 栏中的结果。我们可以观察到，即使观测时的大气层厚度由于倾斜效应增加了三倍，计算所得出的数据也与上表 1 第四栏所得相吻合。在 5 月 4 日的多次实验中，太阳光在正午时分穿透的大气层厚度约为 96 千米，下午 6 点时约为 344 千米，但是计算出的数据仍与观测所得完全吻合。然而，我们发现，仅有当天气状况稳定不变时，此公式才可以精确地应用于一整天，且 p 的数值保持不变；如果大气层的

状态突然发生变化，p值也会发生较大的变化；我在一年四季中开展了大量实验，证实了这一点。

我们甚至可以假定，在某些地点，特别是在山区或海边，p的数值每天均会根据蒸汽的扩散与凝结而发生相应的周期性变化。

5. 如果在上一个公式中，假定 $p=1$ 或 $\varepsilon=0$，我们可以得出 $t=6.72\text{℃}$。也就是说，若大气层能够传导全部太阳热量而不吸收任何热量，或将仪器放置于大气层的边缘时，它能吸收太阳发出的所有热量而不发生任何热量流失，太阳热力计可能上升 6.72℃。此 t 值乘以 0.2624 后得到 1.7633。这即为太阳每分钟在大气层边缘每平方厘米的面积上所发出的热量，如果大气不吸收任何入射太阳光，地表接受的热量可能与此数值相同。

6. 上文中的 p 值表示在不同日期被传导的太阳热量比例。相反，$1-p$ 的数值表示在传导同时被吸收的太阳热量比例。然而，这些数值对应的是 $\varepsilon=1$，也就是说，假设大气状态与实验进行时巴黎大气的状态相同，它们表示在太阳升至顶点的地点可能被传导及吸收的太阳热量比例。因此，在天气晴朗的前提下，在垂直轨迹中，大气层至少吸收入射热量的 21/100，最多吸收 27/100；但是，我还要补充一点，6月28日的吸收比例为 27/100，我们在天穹中观察到少量的白色云雾。此外，在其他不完整的观察中，我得到的吸收比例仅为

18/100；我们可以断言，在没有水蒸气降低天空透明度的情况下，大气的吸收比例介于 18/100 至 24/100 或 25/100 之间。

7. 通过这一数据及传导热量随倾斜角的增大而减少的规律，我们可以计算每个时刻到达地球昼半球的入射热量比例以及昼半球吸收的热量比例。此计算根据积分公式 $c \int (p^\varepsilon d\varepsilon)/\varepsilon^2$，无法得出精确数值。然而，通过不同的近似计算法，很容易确定：当 $p = 0.75$ 时，到达地面的热量比例介于 0.5 至 0.6 之间，因此大气吸收的比例为 0.5 至 0.4 之间，但是非常接近 0.4。

当天空表面上晴朗无云时，大气层仍然吸收太阳向地球所发出总热量的近一半，另一半热量到达地表，根据穿透大气层的偏斜角不同，在地表上不均匀地分布。

8. 我们已通过地表每平方厘米在太阳光垂直照射下所吸收的热量，了解到太阳每分钟向地球发出的总热量。然后，很容易确定整个地球和大气层每分钟吸收的总热量。实际上，如果除去由太阳照亮并加热的半球，这就是可能抵达晨昏圈的总热量。然而，晨昏圈的面积为 πR^2，它吸收的总热量为 $1.7633 \cdot \pi R^2$。

如果地球上所有地点的热量分布均匀，每平方厘米吸收的热量为（$1.7633 \pi R^2$）$/4\pi R^2$ 或 0.4408。根据这一数值，很容易得出：地球在一年内吸收的太阳总热量等于在此时间段中通过每平方厘米的大气层表面进入的太阳热量，即 231675

平方厘米。

如果将此热量转化为冰融化的数量，我们得到以下结果：如果地球在一年内从太阳吸收的总热量在所有地点分布均匀，并全部被用于融化冰块，而无任何热量流失，这些热量可能足以融化一块覆盖整个地球且厚度为 30.89 米或接近 31 米的冰层。这就以最简单的方式说明了地球每年从太阳吸收的总热量。

9. 相同的基本数据能够使我们解决另一个问题，这个问题可能更具有独创性，而答案非常简单。若仅假设太阳所有相同大小的部分所发出的热量均相等，而不假设其他条件，这一数据还能够使我们得出太阳在特定时间内流失的总热量。迄今为止，已由实验证实：太阳在自转过程中向我们展示了不同的角度，这似乎对地球温度没有任何显著影响。

如果我们将太阳的中心视为球状围绕物的中心，球状围绕物的半径等于地球到太阳的平均距离，显而易见，在此巨大的围绕物上，每分钟每平方厘米所接受的太阳热量等于地球表面上每平方厘米吸收的太阳热量，即 1.7633。因此，地球吸收的总热量等于整个面积（以厘米为单位）乘以 1.7633 或等于 $1.7633 \cdot 4\pi D^2$。

此入射热量就是由整个太阳表面向各个方向所发出热量的总和，太阳表面积为 $4\pi R^2$，R 为太阳的半径。因此，每平方厘米发出的热量为：

$1.7633D^2/R^2$ 或 $1.7633/(\sin^2\omega)$

其中，ω 为从地球看太阳的半视角，即 15'40"，得出的值为
84888。因此，太阳表面每分钟每平方厘米发出 84888 个单位
热量。

如果将上述热量转化为可以融化的冰块的数量，我们可
以得出以下结果：如果太阳发出的总热量全部都用来融化一
块将其整个表面包裹住的冰层，此热量可能在一分钟之内融
化一块厚度为 11.8 米的冰层或在一天内融化厚度为 16992 米
（约 17 千米）的冰层。

正如我们所见，这一数值的确定并不基于任何假设，它
与太阳自身的性质、组成成分、辐射能力、温度或比热容均
无关，它直接取决于热辐射的公认原理以及我们通过实验所
获得的数据。

10. 此研究主题可能涉及一系列的问题，我们还将在下文
中探讨两个问题，并非旨在解决这些问题，而是为说明决定
其答案的未知要素的数量及性质。

第一个问题是了解在太阳的组成物质中是否存在一种热量
来源，它以某种方式，通过化学、电或其他作用，修复太阳在
每个时刻的热量辐射流失；或者了解，这些流失是否不断地重
新产生，不受到任何修复，并导致地球温度的逐渐下降。

根据前文所述，太阳表面每分钟每平方厘米流失的热量
为 v=84888 个单位，设 m 为分钟，它失去的热量为 mv，太阳

整个表面失去的热量即为 $4\pi R^2 mv$。

如果假设太阳具有理想的导热性能，太阳表面所有地点的温度都相同，如果我们设 d 为平均密度，c 为平均导热性能，很容易观察到：为使太阳的温度降低 1℃，太阳应当流失的热量为：

$4/3\ R^3\pi dc$

若设 m 为分钟数，太阳流失的热量为 $4\pi R^2 mv$，在此期间，太阳温度下降的数值为：

$3vm/(R.d.c)$

太阳的半径为 700 亿厘米，太阳的平均密度 d 为水的 1.4 倍，此数值是由以下数据推理而来：地球的平均密度为 5.48，太阳的质量为地球的 355000 倍，体积为 1384000 倍。

如果设分钟数 m 的值对应一年内的分钟数，即 526000，设 v 的值为 84888，此比率变为：$4/3c$。

假设太阳具有理想的导热性能，这就是太阳温度逐年降低的数值；如果在此基础上，我们再添加第二个有关比热容的假设，例如：如果我们假设太阳的比热容为水的 133 倍，我们发现太阳可能每年降温 1/100℃，即每一百年降低 1℃ 或每一万年降低 100℃。

现在，问题的答案并非取决于我们很可能永远无法了解的两个要素，即太阳的导热性及热容量。此外，如果可以得知这两个要素的值，我们已在上文说明如何通过它们以严谨的方式解决这一问题。我对这两个要素进行的假设仅旨在指出，科学在这一点上所必然具有的不确定性，并指出此不确定性的范围。

11. 本着相同的目的，我们还将探讨另一个问题。与上一个问题相比，此问题更能够通过科学来解答，这一问题就是：了解太阳的温度与化学或电作用导致的温度是否存在相似性。

我们将看到，太阳表面每平方厘米在每分钟内发出的总热量总是可以通过以下公式来计算：

$$1.146 \cdot f \cdot a^t$$

其中，f 为此表面的辐射率，t 为其温度，a 为经过杜隆先生（Dulong）与普提先生（Petit）精确计算得出的数值 1.0077。另外，我们发现，太阳热量值为 84888。因此，若 $f=1$，则 $t = 1461$；若 $f=1/10$，则 $t=1761$。

太阳的温度取决于太阳表面或其大气层的热辐射与辐射率定律。在此前的一篇研究中（《科学院会议记录》第三卷，第 782 页），我介绍了一种空气高温计，通过此空气高温计，我确定了铁的熔点以下的所有高温数值。此后，我验证了辐射定律适用于所有超过 1000℃ 的温度。通过这些实验，我将在不久后得知，此条定律是否可以扩展至 1400℃ 或 1500℃。然而，我们已经可以将其视为极有可能。至于尚且未知的太阳辐射率，我们不能假设它比单位热量更高。因此，太阳的温度至少为 1461℃，也就是接近铁的熔点。如果太阳的辐射率与抛光金属相似，此温度可能达到 1761℃。这些数值与我在 1822 年的论文中通过其他原理与观察方法确定的数值相差不大。

12. 我从杜隆先生与普提先生发现的真空中的冷却定律出发，通过阐述这两位精明的物理学家已经在其研究中指出的一个特别观点，得出了以下这条普遍定律：

某星体表面的单位面积在单位时间内发出的热量的绝对值为 e，星体温度为 $t+\theta$，辐射率为 f，它们的关系如以下公式所示：

$$e = B.f.a^{t+\theta}$$

其中，B 为固定不变的常量，仅取决于刻度上的零、单位时间与单位面积，其数值为 1.146，单位以平方厘米 / 分钟为一个单位。为证明此条热辐射定律的普遍性，假设某球体位于一个球体围绕物的中心，温度出现下降或保持平衡。假设星体及围绕物均有最大辐射率，以避免发生反射效应，设 e 为围绕物表面的单位面积所发出的热量，并假设温度保持平衡，单位时间内流失的总热量为 $e\,s$。

s 为表面积，即等于 $4\pi r^2$。

设 e'' 为围绕物表面单位面积接收和吸收的热量，我们将得到：

$$e''s'$$

即围绕物吸收的总热量，s' 为整个表面积或等于 $4\pi r'^2$。

然而，星体流失的热量与围绕物吸收的热量相等，我们首先得到：

$$es = e''s' \tag{1}$$

进而得到：

$$e'' = e\,s/s' = e\,r^2/r'^2 = e\sin^2\omega$$

其中 ω 为从围绕物的某一点上看星体的半视角。

如果现在研究星体从围绕物所接受的热量，我们可以很容易地发现，此数值为每个要素发出的总热量 e' 的某一部分 b，因此它从整个围绕物所接受的总热量的表达式为：

$$b\,e's'$$

由于热量在整体上保持平衡，星体接受的热量与其流失的热量相等，因此得到：

$$b\,e'\,s' = e\,s$$

进而得到：$be' = e\dfrac{s}{s'} = e\dfrac{r^2}{r'^2} = e\sin^2\omega = e''$

也就是说，整个星体从围绕物的各要素接收的热量与其发出的热量相等。然而，在热量保持平衡的条件下，由于星体及围绕物的温度相同，辐射率也相同，e 和 e' 应当也相等。因此，$b = \sin^2\omega$。

尽管围绕物的各要素向所有方向均发出一定的热量 e'，星体从围绕物接受的热量仅为：

$$e'\sin^2\omega$$

此外，如果围绕物的温度保持恒定，而星体的温度会发生变化，星体从围绕物接受的热量很显然将高于热量平衡时的 $e'\sin^2\omega$，e' 仍然为围绕物的单位面积向各个方向发出的总热量。现在，如果单位面积在单位时间内发出的绝对热量可由函数 $e=B.f.a^{t+\theta}$ 表示，星体流失的总热量 es 可由函数 $es=sB.f.a^{t+\theta}$ 表示，同时，对于具有相同辐射率且温度为 θ 的围绕物，我们可得到 $e'=B.f.a^{\theta}$，且围绕物发出的总热量函数为：

$$s'e'=s'B.f.a^{\theta}$$

由于星体接受热量的比例仅为 $\sin^2\omega$，实际和最终流失的热量为：

$$s\,e-s'e'\sin^2\omega=s\,B.f.a^{t+\theta}-s'\sin^2\omega B.f.a^{\theta}$$

或者由于 $s'\sin^2\omega=s$，

$$s\,B.f\,(a^{t+\theta}-a^{\theta})$$

这就是星体流失的热量值。

如果设星体重量为 p，其比热容为 c，显而易见，星体每流失一个单位的热量，其温度下降的数值仅为：

$$1/cp$$

因此，尽管星体失去的热量单位数为：

$$s\,B.f\,(a^{t+\theta}-a^{\theta})$$

它的温度仅下降：

$$sBf/cp\,(a^{t+\theta}-a^{\theta})$$

从严格意义上来讲，这就是它的冷却速度。

为使此公式与杜隆和普提先生的公式相符合，仅需假设

$m = sBf/cp$

此外，假设星体为光滑的球体，如果已经将常量与 e 的数值相加，显然需设常量为零，这证明了下列关系式的准确性：

$$e = B \cdot f \cdot a^{t+\theta} \tag{2}$$

同时，这还说明了系数 m 的基本构成，其数值已通过冷却实验而确定。此系数的值与星体表面积及辐射率成正相关关系，与星体质量及其比热容成反相关关系。

至于常量 B 的数值，我们至少能够以非常近似的方式从上文中的关系式中将它推理出来，由于系数 m 已由杜隆与普提先生经过细致测算而确定：对于一个球状、装满水银且直径为 6 厘米的玻璃温度计而言，此系数等于 2.037。

因此设：

$m = 2.037$

$c = 0.033$

$f = 0.8$

$s/p = 1/13.65$

我们得到：B $= 1.146$

此结果不可能完全准确，原因有两点：或是由于 f 值在一定程度上为假设值；或是由于温度计的实际尺寸对冷却研究毫无用处。杜隆与普提先生仅笼统地将它们指出。但是，可以确定的是，误差不会很大，我们认为 B 的数值足够近似，

并将采用这一数值。

13. 此外，我们可以通过另一种研究路径直接证明，系数 m 的数值与温度不断下降的星体的表面积与辐射率成正相关，与这些星体的重量及比热容成负相关。

假设在绝对寒冷环境下，冷却速度可以通过杜隆和普提先生的表达式来描述，也就是以下关系式：

$$v = ma^t$$

我们可得出下列积分方程：

$$x=1/(ml' a)(a^{T-t}-1)/a^T \tag{3}$$

其中，T 代表星体的初始温度，x 代表星体温度从初始值 T 下降到某温度 t 所需的分钟数。因此，要使星体下降 $1℃$，所需时间的表达式为：

$$x=1/(ml' a)(a-1)a^{-T}$$

如果设 s 为星体表面积，p 为星体重量，c 为比热容，显而易见，在温度下降 $1℃$ 的情况下，星体失去的热量为 pc。由于热量通过面积为 s 的表面散发，每单位面积失去的热量为：pc/s

然而，由于星体温度下降 $1℃$ 所需的时间为 x，在 x 时间内，星体温度下降的数值为：$1°/x$

在单位时间内，单位面积流失的热量可被表述为：

$$(pc/s) [ml'a/(a-1)]a^T$$

对于另一个初始温度同为 T 的星体，热量流失可能为：

$(p'c'/s')$ $m'[l'a/(a-1)]a^T$

由于热量流失量应当与两个星体的辐射率 f 和 f' 成正比，我们可能得到以下公式：

$m/m'=sfp'c'/s'f'pc$

即，系数 m 和 m' 与两个星体的表面积和辐射率成正比，与质量和比热容成反比。

14. 公式（2）和公式（3）包含在绝对寒冷环境下的冷却定律，我们可以利用这两个公式解决很多问题。比如，公式（2）指出，在赤道地区，地面平均温度可达30℃，每平方厘米流失的热量为：一分钟内流失1.44个单位热量，12小时内流失1037个单位热量。

因此，高度为10米的水柱可能在12小时内降低1℃。在绝对寒冷的环境下，它的热量从上表面流失，而对于这些热量的流失，它无法受到任何补偿，既无法通过与空气接触的表面，也无法通过轮廓线受到补偿。公式（3）说明，在绝对寒冷的环境下，杜隆和普提先生的温度计需要34.14分钟从100℃降至0℃，需要74.66分钟从0℃降至 −100℃。

然而，这个小球体的直径仅为6厘米。如果我们对另一个相同的星体（比如，与地球大小相等）进行相同的计算，我们发现，在绝对寒冷的环境下，这个球体可能需要13640年才能从100℃降至0℃，需要29830年从0℃降至 −100℃。

这些例子能够说明，如果空间温度大幅下降并降至温度计的零刻度以下，关于绝对寒冷和地表上其他现象的现有研究就可能对实际情况有某种程度的夸大。同时，它们还指出，热量的基本规律是建立在稳定的原则上，在世界气候系统中，温度的骤然变化比机械作用导致的骤然变化可能性更小。

15. 热量辐射的定理能够使我们确定大气温度平衡的条件。为此，我们将笼统地研究一个球体的温度平衡条件，此球体受到某种透热包裹体的保护并与包裹体一同悬浮在球状围绕物中。我们设 s、s'' 和 s' 分别为球体、包裹体与围绕物的表面积，设 e、e'' 和 e' 分别为 s、s'' 和 s' 的单位面积在单位时间内发出的热量，设 b 为透热包裹体对球体发出的热量的吸收率，设 b' 为其对围绕物发出的热量的吸收率。

球体在单位时间内发出的热量为 es，其中一部分热量 bes 被其包裹体吸收，另一部分热量 $(1-b)\,es$ 穿过包裹体，到达围绕物。围绕物发出的总热量为 $e's'$，设 ω 为从围绕物看包裹体的半视角，一部分热量 $e's'\sin^2\omega$ 到达透热包裹体，包裹体吸收的部分热量为 $e's'b'\sin^2\omega$，穿过包裹体的热量为 $e's'(1-b')\sin^2\omega$。

包裹体向球体发出的热量为 $e''s''$，向围绕物发出的热量也为 $e''s''$。包裹体失去的热量总和与其接受的热量相等，这就得出了第一个等式：

$$2\,e''s'' = b\,e\,s + b'\,e's'\sin^2\omega$$

同理，对球体及围绕物而言，根据其接受与失去的热量相等，我们得到另外两个等式：

$$es = e''s'' + (1-b')\ e's'\sin^2\omega$$

$$e's'\sin^2\omega = e''s'' + (1-b)\ es$$

显而易见，由于第一个等式是后两个等式的结果，也能够从后两个等式中推理出来，这三个等式可以减少为两个。

现在，假设包裹体的半径与球体的半径相等，围绕地球的大气层就是这种情况，这些等式变为：

$$e = e'' + (1-b')\ e'$$

$$e' = e'' + (1-b)\ e$$

这就得出了以下三个关系式：

$$e/e'=(2-b')/(2-b)$$

$$e/e''=(2-b')/(b+b'-bb')$$

$$e'/e''=(2-b)/(b+b'-bb')$$

现在，如果设 t、t'' 和 t' 分别为球体、包裹体和围绕物的温度，设 f、f'' 和 f' 分别为它们的辐射率，根据上文建立的原理，我们将得到以下三个等式：

$$e = B\ .at$$

$$e' = B\ .at'$$

$$e'' = B\ .f''at''$$

为简化分析，在我们所做出的假设中，球体及围绕物均具有最大辐射率。将这些等式与前文中的等式相结合，我们得出：

$$a^{t-t'} = (2-b')/(2-b)$$

$$a^{t-t''} = f''(2-b')/(b+b'-bb')$$

$$a^{t'-t''} = f''(2-b)/(b+b'-bb')$$

这些就是一般关系式。它们能够给出在所有可能的情况下，为维持球体与围绕物、球体与包裹体以及围绕物与包裹体之间的热量平衡所出现的温差。我们看到这些温差主要取决于 b 和 b' 的相对值，即透热包裹体对球体及围绕物热量的吸收率。如果我们首先假设这些吸收率是相同的，也就是说 b = b'，可以得出：

$$t = t'$$

$$a^{t-t''} = f''/b$$

$$a^{t'-t''} = f''/b$$

所有透热包裹体对球体及围绕物热量辐射的吸收率均相同。尽管如此，为保持热量平衡，球体及围绕物的温度不应当完全相同，就如同透热围绕物并不存在，反之亦然。

至于透热包裹体自身的温度，我们发现，只有在 $f'' = b$ 的条件下，它才能与球体及围绕物的温度一致，即此包裹体的辐射率与吸收率相等。这正是石盐与空气的情况，我已通过实验验证了这一点。

然而，当这些条件不再满足时，当透热包裹体对围绕物及球体热量的吸收率不一致时，温度相等原理就不再有效。

在球体、围绕物及包裹体之间出现较大的温差，违背一般的平衡法则。我们为 b' 和 b 赋予不同数值后，对这些公式进行了讨论。表 3 列出了若干研究结果。

表 3　b' 和 b 赋予不同数值的研究结果

数值		温差		
b' 的数值	b 的数值	球体与围绕物的温差	球体与包裹体的温差	围绕物与包裹体的温差
		$t - t'$	$t - t''$	$t' - t''$
0.3	0.7	35.0	53.5	18.5
0.3	0.8	45.5	59.5	14.0
0.3	0.9	57.0	65.0	8.0
0.4	0.8	38.0	49.0	11.0
0.4	0.9	49.0	56.0	7.0
0.5	0.9	41.0	46.0	5.0
0.5	0.95	46.5	49.5	3.0
0.0	0.9	78.0	91.0	13.0
0.0	0.1	91.0	91.0	0.0

从表可知，如果透热包裹体仅吸收围绕物 3/10 的热量以及球体 8/10 的热量，球体的温度就比围绕物高 45.5℃，比包裹体高 59.5℃，而包裹体的温度比围绕物低 14℃。然而，球体热量的累积以及包裹体温度的降低是有限度的，这一限度为 91℃。

　　透热包裹体的效应十分显著。而且，当我们回到温度本身，而不是停留在其单纯的温差时，结果可能更令人吃惊。因为上文中提到的例子导致一个结果，即如果围绕物四周均有隔板，且隔板维持在使冰融化的温度，一个球体悬在此围绕物的中心，只接受来自围绕物的热量。在某些情况下，它的温度可以达到40℃—50℃，也就是说，明显高于气候炎热地区的温度，并保持这一温差，温度不下降，可能因此导致温度失衡，使球体在围绕物热量辐射的作用下升温。为使这一现象发生，仅需地球受到透热包裹体的保护，此包裹体具有双重属性，它仅吸收围绕物表面发出热量的一半，却吸收球体表面发出热量的约9/10。

　　最后，包裹体是产生此效应的唯一原因。为使此推论完整，还应当补充的是，此包裹体位于零摄氏度的围绕物和温度介于45℃—50℃的球体之间，平均温度可能仅比零摄氏度低几摄氏度。它遵循某种温度递减定律，其下层温度比围绕物高，比上层温度低很多。只要我们拥有适当的数据，这条定律是可以计算的。

　　假设围绕物的温度为冰融化的温度，或假设到达球体的热量能够均匀分布且等于具有最大辐射率的围绕物所发出的热量，我们在此阐述的推论在相同条件下适用于维持某种温度的围绕物，只要此温度不超过冷却定律可达到的最高温与最低温。

　　总的来说，这些就是透热包裹体因对穿透它的不同热辐射的吸收作用不同所产生的效应。至于吸收率不同的原因，一方面，德拉罗什（Delaroche）已证明原因在于热源本身，因此是由于热量辐射自身的性质；另一方面，梅洛尼先生（Melloni）已论证，这一情况在某些方面也取决于透热物质的性质。

　　16. 迄今为止，我们承认，两种温度相同且不导热的表面所发出的热辐射相等，或至少相同介质在热辐射穿过时对其吸收率相等。然而，就这一点而言，我们也有可能发现某些差异，这些差异或取决于辐射率的不同，或取决于星体本身的性质。

　　梅洛尼先生在研究中强调了这一重点，并引起一些物理学家的注意。如果这些辐射的来源温度相等并经历了重重考验，如果它们在穿透相同透热介质时情况一致，我们仍然不可能在实验室的一些实验中获得由于透热包裹体的介入而累积的热量，因为这些包裹体对围绕物和球体或内部温度计辐射的吸收率必然是相同的。

　　可是，这种不可能性不会对我们从有些公式中得出的结果产生任何不利影响。这些公式或涉及大气层对太阳热量的效应，或涉及大气层对其他天体的热量效应，我们将这种热量笼统地称为空间热量或星体热量。

　　至于太阳热量，毋庸置疑，我们知道，与来自地面且温度较低的不同热源相比，当太阳热量穿过透热物质时，透热物质对太阳热量的吸收较少。的确，我们仅在固体或液体透热遮光板上开展了实验。然而，我们认为，大气层的原理与这种遮光板相同。因此，与太阳热量相比，它吸收的地球辐射更多。需要补充的一点是，与人们有时所持的观点相反，不同作用产生的差异并非由于太阳热量是光热，而地球热量为暗热。因为迄今为止，我们对此所了解的一切均表明，既无热光，也无光热：太阳辐射与光辐射可能来自同一来源，同时存在于光束中。然而，它们保留了截然不同的特点。一方面，我们可以将它们分离；另一方面，并没有热辐射被转化为光辐射的例子，也没有光辐射被转化为热辐射的例子。因此，吸收不均等是由于温度较高的热源所发出的热辐射的特殊属性导致的。这些属性只能维持现状，或者可能进一步发展。当热源的温度足够高，它们将同时发出光和热，如同太阳一样。

至于空间热量产生的原因，需要另做区别，应当考虑其量与质。

就其量的方面而言，与任何其他热量一样，我们可以通过它产生的效应进行测量。即通过它能够融化的冰的数量，或通过它向一定数量的水传递的热量，导致温度上升的幅度。傅里叶先生正是基于这一原理，首次说明有必要将空间热量纳入考虑，以解释地球温度的现象。也正是基于这一原理，他笼统地指出空间温度可能与地球两极地区的温度接近，也就是达到零下50℃或零下60℃。通过这一估计，他仅表达了以下观点：从太阳以外的所有天体到达地球的总热量与具有最大辐射率的围绕物向地球发出的热量相等，此围绕物的内壁温度保持在比冰融化的温度低50℃—60℃。在这种研究方法中至关重要的一点是：可以用假想的围绕物或不导热且各处均保持某一温度的表面替代所有天体。为确定此温度，还需研究实验是否可以得出这一温度，以及我们可以得到的数值的近似程度。

就其质的方面而言，空间热量给我们提出了大量问题，在此探讨这些问题可能毫无用处。因此，本文仅阐述跟我们的研究相关的方向。首先，我们发现，如果我们为上文刚提到的假想围绕物赋予适当的温度，使它能够精确地或极近似地呈现空间热量，它仅能够在数量上呈现空间热量，而永远无法呈现其性质。因为空间热量实际上具有一些属性，这些属性来自空间的起源，空间可能无法从比冰融化的温度更低的热源中汲取热量。我们在上文中观察到，这导致了我们无法在实验中再现一些条件，即：从量的方面来看，热量似乎来自冷源；而从质的方面来看，它则来自热源。为了认清这种矛盾，仅需承认从地球出发并无限延长至空间的某条线不会遇到一个能够向地球发出热量的星体，或者换句话说，对我们而言，仅需承认星际围绕物实际上并非绵延不断，并非将无数散落在空间深处、距离遥远的星体聚集在一起。天穹中有些地点或小面积区域向我们发出热量，其他可能更广阔的区域不会向我们发出热量，因为从它们出发的线在空间中无限延长。

于是我们理解，空间热量可以从质、量及来源上被视为太阳的热量。因此，大气层对其吸收率相同。基于这一点，我们在上文中探讨的使透热包裹体保持平衡的一般条件在此就有了直接应用：仅需承认我们假设的具有某种尺寸的球体为地球，围绕物呈现未知的空间温度，透热包裹体为大气层，它被假设为晴朗无云，且具有仅从垂直方向上吸收入射热量20%或25%的属性。正如上文所述，和上文关于太阳热量的实验结果一致。由于大气层对地球所发出辐射的吸收作用更强，我们得出的所有结果均可适用于地球温度的平衡。

因此，在没有太阳作用及地球内部热量效应的情况下，将出现以下现象：

1）地表温度大大高于空间温度；

2）大气层的平均温度必然低于空间温度，更低于地球本身的温度；

3）大气层温度的逐渐下降既不是由于太阳的周期作用，也不是由于此作用可在接近地表处导致气流的上升与下降运动。此现象可能在太阳不加热地球和大气层的情况下发生，因为它是透热包裹体保持平衡的一个条件。其真正的原因为：大气层对空间热辐射、地表向地球周围发出的辐射及海洋热量的吸收作用不均等。

我相信傅里叶是第一个认为大气层的不均等吸收作用应当会对地表温度产生影响的人。德索叙尔于 1774 年对阿尔卑斯山的山巅及附近的平原地区开展了有趣的实验，实验旨在比较太阳热量的相对强度。这些实验引导傅里叶得出了以上观点。这一次（《化学年鉴》第 27 册，第 155 页），傅里叶先生确切地表述了一个原理，此原理使我建立了平衡等式。不过，假设太阳的周期作用为大气层温度逐渐下降的主要原因，似乎只能将这一原理应用于太阳的作用。

此外，普阿松先生在其最后一份研究中，已经指出上层大气层的温度必然大大低于空间温度，他从自己得出的空间温度以及平衡的机械条件中推理出此结果。如果空气的温度不够低，无法使其失去弹性，大气层边界处就不可能满足平衡的机械条件。

此前，这一结果可能令人意想不到。然而，当它成为满足机械条件所必不可少的要素时，就显得更加具有确定性，至少更加自然。因为它也取决于热辐射的规律，而且已被阐释清楚，并找到了真正的根源。

17. 现在回到透热包裹体的平衡条件上，以便研究可能影响其两个吸收率不同的各种原因。我们发现，如果吸收率不根据若干比例发生变化，组成这些包裹体的物质的特定热量也无法改变。如果在地球周围，我们用另一包裹体替代已知包裹体，两个包裹体的质量及组成物质均相同，仅比热容不同，甚至假定两个吸收率的相对值保持不变，产生的效应也很有可能不同，两个包裹体的温度也不同，并导致地球上热量累积不均等。

这一简单的观点以及其他无法在此详细阐述的考虑使我承认，对于同一种可被视为透热物质的弹性液体，其吸收率与质量及比热容成正比。因此，若将大气层分成 100 个质量相等的同心圆圈层，任意两个圈层的吸收率都将与其截然不同的比热容成正比。在接近地表处，气压较高，比热容较低，被吸收的热量的比例比大气层边界处更低，而在大气层的边界处，气压较低，比热容较高。我们同时发现，下层大气层的垂直高度大大低于上层大气层。正如我们已经指出的，此因素改变太阳到达高山山巅的热量，并得出了一个热量的一般表达式。在此表达式中，仍需替代相应的气压及比热容。我们通过实验发现并验证的吸收作用可以扩展至不同的高度。对此，可以登上高山，并进行与巴黎类似的观察。

最后，通过这一原理以及上文阐述的其他原理，我们能够以简单的方式表达在特定时间由某一圈层的单位面积所发出的热辐射的总量。这一热量仅取决于此圈层本身的温度，我们设此温度为 t，比热容为 c，质量为 m，辐射常数 B=1.146，以及未知常数 k，它取决于弹性液体的性质。因此，此热量的数值为：

　　　　B$kmca^t$

对于质量相同而高度更大的另一圈层，设温度为 t'，比热容为 c'，同时流失的总热量为：

　　　　B$kmc'a^{t'}$

基于这一点，让我们来研究一下赤道地区大气层的状态。假设天空一直晴朗无云，且气柱上所有高度的温度均保持平衡，则地面每天的平均温度几乎保持恒定，无论大气圈层所处的高度，其温度也保持恒定，这需要地面及不同圈层每天流失的热量与吸收的热量相等。然而，某个圈层，比如下层大气层中的某个圈层，它所接受的热量首先取决于其自身的吸收率；其次取决于到达此圈层的入射热量，抑或是从低处来自地球的热量，抑或是从高空来自太阳及空间的热量。上层大气层的圈层也是如此。不过，显而易见，此圈层接受的来自太阳和空间的入射热量远高于下层圈层，因为随着此热量穿透的圈层越来越深，它变得越来越微弱。此外，也很明显的是，下层圈层接受的地面热量的补偿远高于上层圈层。原因相同：随着地面热量穿透的圈层越来越高，它也在逐渐减弱。我们可以近似地计算接受热量的比例，即某两个圈层接受及吸收的热量。我们发现，此数值与 1 相差不大，我们至少无法到达非常靠近大气层边界的圈层。如果我们认为此数值等于 1，这意味着两个圈层每天吸收的热量相等，它们一个位于上层，一个位于下层，或者彼此非常接近或者非常遥远。然而，由于它们失去了吸收的所有热量，很明显，它们失去的热量也相等。因此，我们可以得出：

$Bkmcat = Bkmc'at'$

我们还可以进一步得出：

$t - t' = 1/(l\,a)\ l\,c'/c$

此结果以非常简单的方式表达了赤道地区空气温度逐渐下降的规律，此规律似乎可以扩展至靠近大气层边界的地区。它尚需实验的验证，至少验证是可能实现的。

然而，我们通过德·拉普拉斯先生和普阿松先生的研究得知，弹性液体的比热容与其承受的气压有关，可通过以下关系式表达：

$c'/c = (p/p')^{1-1/k}$

对干燥空气而言，此关系式变为：

$c'/c = (p/p')^{3/11}$

我们还知道，此公式已在盖伊－吕萨克先生（Gay-Lussac）和维尔特先生（Welter）所开展的数次精确实验中得到验证。实验中气压的范围为 1460 毫巴至 144 毫巴，温度的范围为零上 40℃ 至零下 20℃。

于是，我们已经能够计算大气层高度五分之四以下的不同圈层的比热容。

继续进行盖伊－吕萨克先生的实验将非常有趣。如果可能的话，在保证精确度的前提下，我们可以将温度的范围扩展至零下 60℃ 或 80℃。目前，已可以通过蒂洛勒尔先生（Thilorier）仪器获得这一温度（参见我对此研究主题开展的实验，《总结摘要》第四册，第 513 页）。

如果暂时假设普阿松先生公式中的气压可以扩展至大气压的百分之一，我们发现此气压所对应圈层的温度可能比靠近地面的圈层的平均温度低 163℃。由于靠近地面的圈层的平均温度为 27℃，此气压对应的圈层的温度即为零下 136℃。

通过计算一百个圈层的温度（每个圈层的气压均为大气压的百分之一）并取平均值，我们可以近似地获得所谓大气柱的平均温度，因为整个气柱正是根据这一温度发出热辐射，计算得出此平均温度为 – 8℃。

最后，还有一种验证的方法。我们知道，直至相当高的海拔，气压公式都非常准确，它在两个圈层的垂直问题及相应气压之间建立起一种关系。此关系可被近似地表达为：

$z = 18393.l.p/p'$

将其与之前的公式相结合，我们得到以下结果：

$t - t' = z/224.8$

即：在气压公式的使用范围内，两个圈层的温度为每 225 米相差 1℃。

我们知道，德·洪堡先生（de Humboldt）的实验结果为 200 米，与以上结果相差八分之一，这可能出于几个原因，特别是由于将比热容与气压联系在一起的公式只能适用于干燥空气，但是由于赤道地区的空气温度较高，空气一般是潮湿的。

18. 地面上暴露于夜间辐射之下的温度计接受的热量来自两个截然不同的热源：空间或大气。假设实验并非在高山地区进行，空间热量与太阳热量一样，在穿透大气层时，被大气层吸收，一般只有 3/10 或 4/10 的热量能够到达温度计。至于大气层本身在夜间发出的热量，此热量为所有从海平面到大气层边界的同心圆圈层的个别辐射效应，因此取决于大气柱所有高度上的温度分布。我们可以补充一点，其影响远比我们目前假设的更大。此外，无论两种原因的作用强度之间的关系如何，显而易见，我们可以认为，单一原因能够产生与两种原因同时作用相同的效应。或者，换言之，我们可以假设空间热量和大气热量均不存在，并假设存在一个具有最大辐射率的围绕物，它向温度计及地面发出的热量等于温度计及地面从大气层和空间接受的热量。我将此"天顶围绕物"（enceinte zénithale）的未知温度称为"天顶温度"（température zénithale）。

这种研究现象的方法并非旨在呈现温度计在某个方向上受到的这些特别且不均等的作用，而仅旨在精确地呈现它所受到的最终且全面的作用。因此无论是在"天顶围绕物"的作用下，抑或是大气层与空间的共同作用下，其温度均降至周围温度以下，且降低的数值相同。正是在此条件下，我们能够为"天顶围绕物"的所有区域赋予相同的温度。最后，很明显，对于地表上的相同地点，"天顶温度"在每个时刻都会发生变化，而不同地点的天顶温度也会发生变化，因为天顶温度由一个稳定要素及一个不断变化的要素构成，稳定要素即空间温度，变化要素即不同圈层的温度。

只有在阐明这些我们试图确定的未知数量之间的新关系后，我们才能够更好地理解将此问题进行解构的好处。设天顶温度为 z，其他数值的符号保持不变，即：

t' 为空间温度；

t'' 为大气柱的平均温度；

b 为大气层对地面热量的吸收率；

以及 b' 为大气对来自天空的热量的吸收率。

基于此，我们认为：

1）在单位时间内，天顶围绕物单位面积发出的热量为：

$$Ba^z$$

B 为我们上文提到的常数，等于 1.146，不存在辐射率系数，由于我们必须假设辐射率为 1；

2）大气层发出的热量为：

$$Bba^{t''}$$

由于其辐射率等于吸收率，我们设此值为 b；

3）最后，空间发出的热量为：

$$Ba^{t'}$$

仅有比例为（1–b）的热量直接穿透大气层，到达地面。

因此，对于放置在地面上的温度计，假设空间的辐射率为（1–b），空间发出的热量仅为：

$(1-b')\ Ba^{t'}$

由于天顶围绕物替代了大气层及空间，根据温度计所呈现的数值，它发出的热量必须严格等于大气层及空间发出的总热量。

因此，我们得到以下等式：

$Ba^{z} = Bba^{t'} + (1-b')\ Ba^{t'}$

或

$a^{z} = ba^{t'} + (1-b')a^{t'}$ (4)

这就是将天顶温度、空间温度、气柱的平均且多变温度以及大气层的两个互不相等的吸收率联系在一起的一般关系式。

19. 现在，让我们尝试说明，为何观察夜间每个时刻的天顶温度是可能的，正如同我们观察空气温度一样。为此，我采用了两种方法：一种方法使用镜子，另一种方法使用了一个我称之为"曝光计"的新仪器。我们知道，赫歇尔先生（Herschel）已经用此名称命名其一项非常重要的发明，我认为这位赫赫有名的天文学家选择的名称非常恰当，此名称代表旨在测量辐射效应的所有仪器，无论它们的构建原理是什么。在此，仅需指出第二种方法。至于第一种方法，我仅说明，正如我们目前所做的假设，镜子的轴线指向天顶，其焦点处所观察到的温度下降并不取决于光线的集中：一块抛光金属板或一个大口圆锥体也能产生几乎相同的效应，以至于我能够用更加方便的此类反射器替代镜子。然而，无论是反射器抑或是镜子，实验均非常难开展，公式均非常复杂。它们包括空气的实际温度以及由与空气接触和辐射得出的冷却比率，确定这两项数据是可能的。

曝光计如图2所示：它包括四个直径为两分米的圆环，圆环中装满天鹅的绒毛，将圆环叠放，避免使绒毛压紧；每个圆环底部均为天鹅皮。将此套装置放在第一个包银圆柱体 c 中，此圆柱体也被天鹅皮包裹起来，并被放在一个更大的圆柱体 c′ 中。在上部绒毛的中心放置温度计；边缘 d 的高度使温度计只能"看到"半球的三分之二；在此边缘上天鹅绒毛

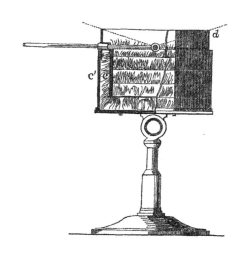

图 2　曝光计

所在的位置钻几个洞，使冷空气可以正常流出。

我们在夜间将此仪器暴露在天空辐射之下，每个小时观察其温度计以及在附近放置的温度计的变化，此温度计自由地悬挂在空中，在地面上有四个立足点。我们正是从这些温度的差异或曝光计的温度下降中推导出天顶温度。为此，仪器必须带有刻度，我们将在下文具体说明。

20. 如果曝光计有一个不确定的表面，它被置于空间中，在半球形围绕物的笼罩之下，并保持恒定的温度，它的温度很明显可能等于围绕物的温度。相反，在其实际的形态下，仪器上的温度计仅能"看到"半球的 2/3，并且能够使其温度上升的圈层将其包裹起来。与围绕物相比，它应当保持在更高的温度。曝光计的刻度旨在确定仪器温度升高的幅度。为推导出围绕物的温度，仅需了解曝光计以及周围空气的温度，而曝光计与围绕物互相交换热辐射。我们认为，在围绕物的温度及曝光计的温度下降之间应当存在一种简单的关系。为发现这一关系，我用直径 1 米的锌制容器构成人工的天空，用三根高为 2 米的细柱子将它支撑起来。此容器的底部为黑色，内部装满了温度为 −20℃ 的冷却混合物，曝光计被垂直放置在容器下面，其摆放位置需保证位于中心的温度计分别"看到"半球的 1/4、1/3 和 2/3。在每个位置上，我们等待温度达到平衡，同时记录周围空气及仪器的温度。我们以冰融化的温度及其他中间温度重复进行类似的实验。这些实验使我得到以下结果：如果从周围温度中减去曝光计温度下降的9/4，我们仍然可以得到人工天空的温度。此结果很明显适用于天穹或者天顶围绕物。因此，如果我们整晚观测周围温度 t 的值以及曝光计温度下降的幅度，我们可通过以下公式推导出天顶温度：

$$z = t - 9\ d/4$$

21. 我们将在下文看到一个表格。此表格包含若干组在非常晴朗且平静的几个夜晚所进行的实验得到的数据，这些实验旨在确定天顶温度。实验发现，天顶温度在夜间下降，正如周围空气的温度；从前一天日落到第二天日出，温度逐渐下降。这一重要事实直接引导我们得出一个重要结果。

我们已经看到，天顶温度的表述由两个互相补充的术语构成：一个术语是大气柱的平均温度，它是不断变化的；而另一个术语是空间温度，它是固定不变的。然而，由于天顶温度在一夜间会发生很大变化，这明显证明了在其表述中，稳定术语的数值大大低于多变术语。因此，在夜间辐射中，与来自大气层的辐射相比，空间热量非常低。

此结果与一些观点不相符。这些观点为空间赋予了温度，此温度降低的幅度可能不会很大，且数值不会降低至零度以下。然而，它与一些已知事实相吻合，如果这些事实已从整体上得到了认真分析，它们本可以对此问题提供一些信息。威尔斯（Wells）先生与达尼尔（Daniell）先生以及其他所有对夜间辐射开展过实验的物理学家已取得了许多研究结果，这些结果不仅证明夜间被放置在开放场地中、暴露在地面上的温度计显示的温度比周围温度低 6.7℃，甚至 8℃，它们还证明此现象在一年最寒冷的几个月重复发生，即一月和二月，当空气温度降至零度以下时，并且温度降低的幅度相同。

威尔逊（Wilson）观察到在空气温度与积雪覆盖的地表温度之间存在近 9℃的温差；斯科斯比（Scoresby）与帕里（Parry）队长观察到，当空气温度低于零下 20℃时，在极地地区存在类似的温度降低的现象。

现在，如果我们认为气层通过与温度较低的地面温度计接触而产生相同的加热作用，假设气层的温度为 10℃或零下 10℃，冷却作用在第二种情况中使温度计保持在零下 18℃，它与加热作用产生的能量相同，而冷却作用在第一种情况中将气层的温度维持在 2℃。而且，此冷却作用取决于空间温度，因此空间温度远低于零下 18℃。原因就是，如果空间温度仅为零下 30℃或零下 40℃，温度计显示的温度为零下 18℃，而空气温度为零下 10℃，温度计温度可能太接近空间温度，以至于空间热量能够将其保持在空气温度以下，与温度计显示 2℃且空气温度为 10℃时，温度下降的幅度相同。总的来讲，可能阻止我们进行此对比的是对夜间辐射的现有解释。我们从前就知道上层大气层的温度非常低，并为其赋予了一种特殊的冷却功率。而在某种程度上忘记了，尽管上层大气层非常寒冷，但是它们发出热量，这些热量与空间热量一起增加了这些效应。

我通过曝光计获得的这些结果与所有已知事实相符。对此进行的阐述可能至关重要：如果我们未来得到的结果在某些方面违背已被广泛接受的观点，其中的原因在于事情的本质，而非实验不精确。

22. 通过将等式（4）视为条件等式，且认为实验得出的天顶温度的所有数值总是满足条件，并且确定了空间温度的范围。然而，赤道地区在一年时间内持续出现的现象使我得出了另一个基本等式。我们可以在无须得知大气柱平均温度的情况下，从此等式中推导出空间温度。

在赤道地区，地表及笼罩地表的大气层可被视为一个圆柱体，以南北回归线为两个地面，其中一半地区总是受到太阳光的照射。此圆柱体在每个时刻吸收落在太阳长方形投影上的所有热量，其面积为 $2rh$。因此，它每分钟吸收的热量为：

1.7633 .$2rh$

此热量分布在圆柱体侧表面上，即面积为 $2\pi rh$，很显然每个单位面积吸收的热量仅为：

$1.7633/\pi = 0.56$

这是在赤道地区每天每分钟落在每平方厘米面积上的太阳热量。

同时，空间热量也发挥作用。如果设 t' 为未知的空间温度，很容易得到每分钟每平方厘米吸收的热量为：

$Ba^{t'}$

因此，吸收的总热量为：

$Ba^{t'} + 0.56$

但是，空间与太阳的共同效应可以被一个具有最大辐射率的围绕物所取代，此围绕物能够产生相同效应或发出相等热量。如果通过此围绕物的未知温度来呈现这一关系，我们得到：

$$Ba^{v} = Ba^{t'} + 0.56$$

其中，v 为围绕物的未知温度。

的确，由于太阳在夜间不再发挥作用且在昼间不同时刻的作用强度均不同，其作用是间断性的。即使此间断性导致的温差在昼间及夜间均可观测到，它也并不影响前一个等式的准确性。此外，透热包裹体的平衡条件完全适用于围绕物，这一点也不受太阳作用间断性的影响。

温度 v 应当为地球南北回归线之间地表的温度。根据观察结果，其平均温度为 27.5℃。因此，地球温度高于围绕物温度的幅度可从以下公式推导出来：

$$a^{t-t'} = 2 - b'/2 - b$$

其中，t 为球体的温度，t' 为围绕物的温度。

在此，球体的温度为 27.5℃，围绕物的温度为 v，以下等式必须成立：

$$a^{27.5℃\,-v} = 2-b'/2-b$$

如果我们用从上述公式中得出的 a 值在前一个等式中进行替换，并设 B 值为 1.146，我们得到：

$$a^t = 1.235(2-b/2-b')-0.489$$

由于所有太阳实验均得出 $b' = 0.35$，我们最终得到以下等式：

$$a^{t'} = 1.008 - 0.748.b \tag{5}$$

其中，空间温度 t 和大气层对地球热量的吸收率 b 均为已知。

由于 b 不能超过 1，空间温度不能低于 $-175℃$，b 的最大值为空间温度的最低值。

若 $b' = 0.3$，空间温度为 $-187℃$；若 $b' = 0.4$，空间温度仅为 $-164℃$。一旦得出最低限之后，也很容易得出最高限。因为最高限对应的是 b 的最小值。但是，天顶温度实验说明，b 值必然大于 0.8，因此空间温度低于 $-115℃$。

现在，为确定此范围的中间数值，即目前的实际空间温度，可能需要进行大量的实验，并涵盖所有纬度及高度。

然而，我独立开展的实验已经得出一个近似值，即空间温度约为 $-142℃$。我认为此数值与实际温度相当接近，其对应的 b 值为 0.9。因此，这些研究的最终结果为：地球每分钟每平方厘米吸收的热量为 1.7633。在天空晴朗的情况下，大气层大约吸收此热量及空间热量的 4/10。此外，大气层吸收地球热辐射的 9/10，如今空间温度为 -142℃。

我们无法充分指出大气的吸收率不均等在所有地表现象中所发挥的作用，也无法充分指出需要多么仔细才能准确确定不同的吸收率。为此，我们可以设计出其他的仪器及实验方法，通过这些仪器及实验方法，可能能够厘清空间辐射与大气辐射在每个时刻所发挥的复杂影响。如今，如果天空中的不同地区依次经过天顶，并似乎发出相等的热量，极可能是因为我们的仪器不完善。我们发现在空间深处星体的性质、距离、数量及星团存在显著的不同，无法接受地平线以上的天空中不断变化的区域与地平线以下的区域相类似的观点。因此在天穹中的所有星体向地球发出的实际热量不可能相同。尤其是在赤道地区，应当首先尝试估计这些差异，因为它们可能非常显著、有规律且易于观察。

23. 表 4 包含通过曝光计进行的实验结果：我们观察到天顶温度逐渐降低。此表中的最后一栏为每次观察对应的巴黎大气柱的平均温度 t″，是通过天顶温度的公式（4）计算出来的，在此公式中，只有 t″ 值为未知。

表4　通过曝光计进行的实验结果

日期	时间	空气的温度（°）	曝光计的温度（°）	差值（°）	天顶温度（℃）	大气层平均温度（℃）
4月10日至11日						
4月10日	19:00	10.2	3.9	6.3	-4.0	-23.5
	8:00	9.9	3.0	6.9	-5.6	-25.5
	9:00	9.6	2.2	7.4	-7.0	-27.0
	10:00	9.0	1.8	7.2	-7.2	-27.5
4月11日	5:00	5.0	-3.0	8.0	-13.0	-35.0
	5:30	5.0	-3.0	8.0	-13.0	-35.0
	6:00	5.5	-2.3	7.8	-12.0	-34.0
4月14日至15日						
4月14日	19:00	8.5	0.8	7.7	-6.0	-26.0
	8:00	7.0	-0.5	7.5	-9.9	-30.0
	9:00	5.8	-1.6	7.4	-10.8	-32.0
	10:00	5.0	-2.4	7.4	-11.6	-33.5
4月15日	4:30	1.0	-6.0	7.0	-14.7	-37.5
	5:00	1.0	-6.0	7.0	-14.7	-37.5
	6:00	1.6	-5.2	6.8	-13.7	-36.0

日期	时间	空气的温度（°）	曝光计的温度（°）	差值（°）	天顶温度（℃）	大气层平均温度（℃）
		4月20日至21日				
4月20日	20:00	5.6	-0.8	6.4	-8.8	-29.5
	9:00	4.5	-2.0	6.5	-10.1	-31.5
	10:00	3.6	-3.0	6.6	-11.7	-33.5
4月21日	4:30	0.0	-7.0	7.0	-15.7	-38.5
	5:00	0.0	-7.0	7.0	-15.7	-38.5
	5:30	0.1	-6.5	6.8	-14.5	-37.0
		5月5日至6日				
5月5日	17:00	25.50	19.9	5.6	12.9	-2.0
	6:00	25.10	17.5	7.6	8.0	-8.0
	7:00	23.10	15.0	8.1	4.9	-12.0
	8:00	22.9	13.9	9.0	2.6	-15.0
	9:00	21.5	12.5	9.0	1.4	-16.5
	10:00	17.5	10.0	7.5	0.6	-17.5
5月6日	4:00	12.1	5.0	7.1	-3.9	-23.5
	4:30	12.1	5.0	7.1	-3.9	-23.5
	5:00	12.0	6.0	6.0	-1.5	-20

续表

日期	时间	空气的温度（°）	曝光计的温度（°）	差值（°）	天顶温度（℃）	大气层平均温度（℃）
6月23日至24日						
6月23日	19:00	20.0	12.0	8.0	2.0	-16.0
	8:00	17.8	10.5	7.3	1.4	-16.5
	9:00	17.6	10.7	6.9	…	…
	10:00	16.3	9.2	7.1	0.3	-18.0
6月24日	4:00	11.3	5.3	6.0	-2.2	-21
	4:30	11.5	5.6	5.9	-1.8	-20.5

我认为有必要再指出此研究所得出的若干一般性结果。空间在一年时间内向地球及大气层发出的总热量可从上文推导出来。很容易看出，此热量可能能够融化覆盖在地球表面的一块厚度为 26 米的冰层。

我们已经看到，太阳热量可以融化一块 31 米厚的冰层。

总之，地球接受的热量可以融化厚度为 57 米的冰层，其中空间热量为太阳热量的 5/6。

在南北回归线之间，空间热量仅为太阳热量的 2/3，因为此地区的太阳热量与融化厚度为 39 米的冰层所需的热量相等。

我们可能很惊讶，空间温度仅为 -142℃，却可以向地球发出如此大的热量，以至于地球所吸收的空间热量与太阳平均热量相等。乍看之下，这些结果似乎与人们对空间的寒冷程度与太阳热力的固有看法相反，人们很可能将它们视为不可接受的结果。然而，需要注意的是，对于地球来说，太阳仅占据天穹总面积的百万分之五。因此，太阳需发出20万倍的热量，以产生相同的效应。

相反，若从另一种角度来思考这些现象。我们倾向于认为在这些估值中，太阳热力被严重夸大了。因为，如果我们研究的是温度，而非热量，我们会得出以下结果：如果在地球上无法感知太阳的作用，任何地点的地表温度均可能是相同的，且为 -89℃。

可是，由于赤道平均温度为27.5℃，必须得出结论：太阳使赤道地区的温度上升了116.5℃。

同理，赤道地区大气柱的平均温度可能为 -149℃。

从上文的公式中，已推导出其温度为 -10℃；因此，太阳的间断性作用使赤道地区大气层的整体平均温度上升了139℃。此太阳升高地球温度的效应远超过普阿松先生通过研究地表以下不同深度的温差所得出的结果。我认为，当有可能在公式中直接引入大气层的重要作用时，这两种方法得出的结果将更加一致。

为将这些计算结果扩展于其他区域，应考虑到地面温度随纬度升高而出现的逐渐下降。然而，这很容易用近似法得出：风的效应促进极地地区温度的上升，并或多或少地降低了南北极圈与赤道之间地区的温度。此原因几乎并未引起赤道地区温度的下降。

此摘要主要旨在阐明构成本研究的基础理论、原理及实验方法。

这两点尤其能够让我引起几何学家及物理学家的关注。至于我通过数次实验所得出的数据，它们将在未来得到修正。未来的研究还将在地球的不同地点进行，这是数据应具有的准确性所必不可少的。

说明一

我在本文中使用的论证方式能够解决热辐射基本原理的若干难题，即：两个不反光表面的温度及辐射率相等原理、余弦定理、根据计算得出的常数确定辐射定理。

两个不反光表面的温度及辐射率相等原理

我们认为，两个相同材质、毫无差别的表面均具有最大辐射率，当温度相等时，它们在相同时间内发出的热量也相同；由于两个表面完全相同，发出的热量也相同。

因此，在此特殊情况下，如果球体与围绕物的温度相同，我们可以得到 $e=e'$，平衡已建立。同时，我们还可得到 $b=\sin^2\omega$。

此结果与球体及围绕物的大小无关。但是，保持相同温度的球体，在相同时间内丧失的热量相同，无论围绕物大小，它们向球体发出热量也相同。因此，对于围绕物上与球体中心保持一定视角的某特定区域，我们可以将其替换为另一围绕物上与之视角相同的区域；这就论证了，不仅当球体处于围绕物中心时，而且无论其在围绕物中所处的位置，球体与围绕物的温度均相同。

现在，如果球体与围绕物的组成物质不同，如果总的来说球体与围绕物不再相同，而与围绕物同样具有最大吸收率，球体的热量流失为 $e_1 s$，它从围绕物吸收的热量保持不变，仍为 $e's'\sin^2\omega$。为保持平衡，唯一条件即为丧失与吸收的热量相等，这就得到：

$e_1 s = e's'\sin^2\omega$

因此，

$e_1 = e'$

也就是说，在此种情况下，为保持平衡，球体与围绕物的单位面积在同一时间内丧失的热量必须相等。

还需研究的是，为丧失此部分热量，球体的温度是否应等于围绕物的温度？如果球体的温度高于围绕物，由于此温差与其大小无关，当球体体积足够大，以至于完全可充满围绕物时，球体必须保持此温差。因此，在两个相互接触或至少非常接近的星体之间持续存在温差，这违背了所有的实验结果。

因此，当两个完全相同且具有最大吸收率的表面温度相同时，无论它们的组成物质或属性存在何种差异，它们发出的热量总是相等。

在此情况下，我们看到，温度相等且保持平衡的定理无法被由因及果地进行论证，此原理来自于实验的一般迹象。

可是，第二个定理，也就是对于任意两个不反光且温度相等表面，其辐射率均相等。可直接从第一个定理中推导出来，正是这一点仍存在不确定性（普阿松先生，《热量理论》，第 42 页）。

余弦定理

一些物理学家仍然对余弦定理存在疑问（普阿松先生，《热量理论》，第 35 页）。此定理可以非常简单地从相同的推论中得出。

为保持平衡，当球体及围绕物均具有最大吸收率时，我们总是有 $e=e'$ 以及 $b=\sin^2\omega$，因为围绕物每单位面积向地球发出的热量为 $e\sin^2\omega$，ω 为热量的辐射角度，即极端射线与地表法线之间的夹角，很显然对于比 ω 更大的 ω' 而言，热量可能为：

$e\ \sin^2\omega'$

因此，在 ω 与 ω' 之间的区域发出的热量为：

$e\ (\sin^2\omega'-\sin^2\omega)$

此区域的面积为 $2\pi\ (\cos\omega-\cos\omega')$，因此在相应的单位

面积内发出的热量为：

$e/2\pi$ （$\cos\omega+\cos\omega'$） 或 e/π $\cos\omega$

假设 ω 与 ω' 之间的角度差非常小，也就是说，如果我们将辐射表面上的某要素视为半球的中心，半球的半径为 1，并设 e 为此表面向所有方向发出的总热量，它向半球上与法线角距离为 ω 的另一要素发出的热量可由以下公式进行描述：

e/π $\cos\omega$

因此，由于角度 ω 是从法线开始计算，此热量与辐射角的余弦值成正比。

此外，很容易从此数值出发，通过积分法得出初始表达式 $e\sin^2\omega$。

此论证可能比傅里叶先生给出的论证（《化学与物理学年鉴》第四册，第 135 页）更基础。它不假设任何与温度有关的考虑因素，因此可以用于所有温度。仅从一个条件就可进行推导，即我们有 $b=\sin^2\omega$。此外，由于地球从围绕物接受的热量与地球本身温度的上升或下降无关，我们看到：无论对于变暖或变冷的情况，抑或是温度保持平衡的情况，此论证均非常严谨。

辐射常数

在得到关系式 $ma^\theta+$ 常数之后，杜隆先生与普提先生指出：此关系式代表围绕物的总辐射，由于绝对零度为任意指定，我们可以选择使常数为零的温度，这使得表达式简化为 ma^{θ}。

然而，在这一点上仍然存在若干难题。因为，若指定温度计刻度上的零度为绝对零度，以至于 θ 等于 $-\infty$，关系式中的第一项为零，而常数仍然存在，它不可能消失，且可能为负值；此外，m 值随着绝对零度的变化而变化；它随着绝对零度的下降和温度数值的不断变大而减小，反之亦然；最后，从 m 值可知，围绕物的总辐射似乎是由一个温度值来表达，而非由热量表达。然而，很难理解围绕物的总辐射如何能够由一个温度值或上升、下降的温差来表达。

另外，普阿松先生（《热量理论》，第 42 页）在对比自己得到的不同函数以及杜隆先生和普提先生的冷却定律函数时，在前者中保留了常数，而在后者中将常数去掉，这就假设了两种情况是不同的；但是，他指出：由于我们能够开展的所有实验都与热量交换有关，而在热量交换的过程中常数会不复存在，因此任何观察实验均无法得出常数的数值。

因此，由于此未知的辐射常数使我们无法考查绝对辐射和评估辐射表面所发出的实际总热量，它就成为了棘手的理论难题。然而，我认为此难题并非无法解决，此常数只不过是一个计算结果，它无法代表任何机械条件或物理现象，无论在何种情况下，它的数值均应等于零。

假设星体的单位面积在单位时间内发出的总热量 e 由已

知温度函数加常数来表达，我们得到：

$$e = B.f.a^{(t+\theta)} + C$$

在确定冷却定律时，假设围绕物具有最大吸收率，而球体的吸收率可能仅为 b'。设 θ 为围绕物温度，e' 为围绕物的单位面积在单位时间内发出的热量，其辐射率为 1，球体丧失的总热量为 es；

围绕物的单位面积发出的热量为 e'，到达球体的热量总为：

$$e' \sin^2 \omega$$

球体吸收热量的比例为 b'，因此吸收的热量为：

$$b'e' \sin^2 \omega$$

球体从整个围绕物吸收的总热量：

$$s'b'e' \sin^2 \omega = s\, b'e'$$

因此，其最终失去的热量为：es-$s\, b'e'$

根据下列公式：

$e = B.f.a^{(t+\theta)} + C$ 以及 $e' = B.a^{\theta} + C$

由于球体辐射率 f 与其吸收率 b' 相等，球体失去的热量变为：

$$sBf\left(a^{t+\theta} - a^{\theta}\right) + SC\,(1\text{-}f)$$

设此球体重量为 p，c 为比热容，要使球体失去的热量为 pc，它的温度降低 1℃；此外，对于上文表达式中的热量流失，球体温度降低的幅度可被表达为：

$$sBf/pc\ (a^{t+\theta}-a^{\theta}) + s\ C(1-f)\ /p^{c}$$

这即为球体的冷却速度。

为使此结果与杜隆先生和普提先生的结果相一致，我们还需要使：

$m=\ sBf/pc$ 且 $C=0$

杜隆先生与普提先生在实验中将镀银温度计放在黑暗围绕物之内，以最严谨的方法验证了冷却定理的精确性。我们看到！在此特殊情况下，辐射常数必然等于零。因此，在所有可能的情况下，此常数均为零。

至少在冷却定律已被证明准确的温度范围内，我们可以一律使用以下公式：$e = B.f.a^{t}$

如前文所述，常数 B 为恒定常数，其数值取决于我们选定的单位面积、单位时间以及绝对零度，a 值则取决于温度计上两个固定基准点之间的温差或刻度差。比如，如果将刻度上的零度提高 100℃，并保留其在摄氏温度刻度上的数值，a 可能等于 1.0077，B 值可能应当乘以 a^{100}。

至于辐射率 f，我们发现，在不导热的物质中，此数值绝对取决于表面的状态。对于所有已知表面，此数值似乎均在 1/10—1 的范围内。但是，在透热物质中，f 既取决于表面的状态，又取决于这些物质的许多不同属性。对于热量理论而言，从现在起就确定能够改变 f 值的属性及其对数值变化产生的影响是至关重要的。

说明二

　　我用曝光计进行了大量的实验。实验中，我在一天内的不同时间将曝光计垂直暴露在太阳光下：曝光计中心的温度计温度升高幅度很大，正午时分通常比周围温度高50℃，有时温度甚至上升至90℃，由于空气温度为27℃，温度升高的幅度为63℃。我指出这些观察结果仅为说明，一方面，如果我们仅想获得太阳热量的近似结果，可以通过太阳热力计为曝光计标出刻度；另一方面，根据放置位置的不同，暴露在太阳之下的温度计显示的温度可能高于空气温度，温差的范围可能从3℃或4℃至63℃或64℃。

论气体及蒸汽对热量的吸收与辐射 以及辐射、吸收和传导的物理关联

约翰·丁达尔

载《伦敦、爱丁堡与都柏林哲学杂志与科学期刊》[1] 系列 4，1861 年 9 月

原题目：On the Absorption and Radiation of Heat by Gases and Vapours, and on the Physical Connexion of Radiation, Absorption, and Conduction, 法文译者为贝内迪克特·布鲁雷（Bénédicte Bruley）与史蒂芬·赫尔勒（Stephan Hurler）。

约翰·丁达尔（1820—1893）是一位爱尔兰物理学家。他在气候学领域的先驱性研究成果将温室效应归咎于水蒸气和二氧化碳。在他于 1861 年发表的文章中，丁达尔断言空气中的水蒸气和温室气体数量的任何变化均导致气候变化。此

---

[1] 本论文也于1861年发表在《哲学交易》（*Philosophical transactions*）第一部分中，并于 1861 年 2 月 7 日在皇家学会宣读。

气候理论与詹姆斯·克罗尔时代的理论（本书也进行了介绍）相违背。克罗尔捍卫的是冰川周期的天文学理论，该理论解释了不同地质时期的气候变化。因此，丁达尔的论文是地球与宇宙科学史的一个里程碑，并构建了我们对当今气候变化的理解。

1. 这些研究受到下述学者的启发，尤其是德索叙尔、傅里叶、普耶及霍普金斯（Hopkins）关于地球大气层对太阳及地球热量的传导的观察及思考。我此前一直打算通过实验的方法研究热辐射与各种气体的共同作用，此想法终于得以实现。

我们对物理学这一领域的了解极其有限。然而，我所具备的知识能够使我作出判断，并简要地阐述我拒绝接受关于此问题的现有文献的原因。

梅洛尼（Melloni）利用一个奇妙的热电装置开展了大量实验，并下结论称：对于 18—20 英尺（编者注：一英尺等于 0.3048 米）的距离，大气对热辐射的吸收可以忽略不计。[1]

德国柏林的弗朗兹博士通过类似的高精度仪器发现，对

---

[1] *La Thermochrose*，第 136 页。

于三英尺长的管子而言，管子中的空气吸收阿尔冈氏油灯[①]向其发出热量的 3.54 %。这意味着，如果假设穿透真空管子的辐射量为 100，穿透装满空气的管子的辐射量仅为 96.46%。[②]

我的结论是：弗朗兹博士取得的实验结果是由于其在观察方式上的疏忽大意所致。下面，我将阐明促使我下此结论的原因。据我所知，这些实验是此类研究中绝无仅有的，因此我们面对的这一研究领域仍为一片空白。

2. 在研究开始前，我认为有必要寻得一台高质量的电流表。我的仪器由一位出色的柏林工匠索尔瓦尔德（Sauerwald）制作。指针悬空，与显示屏无接触；显示屏的制作尽可能避免空气的进入，以避免实验中气流造成的任何干扰。平玻璃板构成仪器的正面，贴近指针，通过肉眼或放大镜即可准确且方便地读取指针所指的内容。

此仪器卷筒上的铜线来自于柏林的一家电镀手工作坊，含有微量的磁性金属。由于金属质地不纯，指针在无定向状态下与中间位置有向左或向右各 30° 的偏差。为抵消此效应，我使用了一种"补偿器"，微微将指针吸引向零的位置，抵抗

---

① 瑞士物理学家和化学家艾米·阿尔冈（Ami Argand，1750—1803）于 1782 年发明了一种油槽在侧面、灯芯为圆柱管状且灯罩为钢板的油灯。后来，灯罩的材质改为玻璃。这种灯以发明家的名字命名。（译者注）

② Pogg. Ann. vol. xciv. p. 342. *Phil. Mag.* S. 4. vol. 22. No. 146. Sept. 1861.

卷筒的磁性。

但是，仪器的精准度因而受到很大影响，无法得到准确的数值。因此，我将前述卷筒替换为磁性较小的卷筒。贝克先生（Becker）为我找到了将一侧偏差从 30° 降低至 3° 的一种卷筒。

然而，即便是这种微小的偏差也无法使我感到满意。在一段时间内，我不顾一切地寻找没有杂质的铜线。我知道马格纳斯教授（Magnus）曾为他的电流表找到了这种铜线，但是寻找的工作量巨大。[1] 在开始寻找之前，我想到磁铁可以直接且完美地验证铜线的质量，完全满足我的需要。纯铜是抗磁的，因此磁铁对铜线的吸引力或斥力显而易见，可以直接指出铜线是否符合我设想的用途。

索尔瓦尔德先生为我找到的一些铜线对磁铁的吸引力很大。贝克先生提供的铜线外面缠着一层绿色的丝线，尽管磁性很小，但也具有一定磁性。我取下绿色丝线，对裸线进行测试。裸线受到磁铁的排斥。所有问题均来自于绿色丝线，一种铁的化合物被用来为它染色，正因为此，我仪器上的指针才会偏离零的位置。

我用干净的手去掉绿色丝线，并包裹上白色的丝线。指

---

① Pogg. Ann. vol. lxxxiii. p. 489 ; et *Phil. Mag.* 1852, vol. iii. p. 82.

针不再受到电流的作用，精准地停在零的位置。它不再受到卷筒的任何磁力作用。实际上，当我们忙于设计玛瑙板或其他复杂方法解决磁性卷筒导致的困扰时[1]，解决方案竟然近在咫尺。没有比这更简单的觅得抗磁铜线的方法了。我获得了11个样本，其中4个由贝克先生提供，7个是从我的实验室中随机取来的。在这些样本中，9个被证实不具有磁性，仅有2个具有磁性。

以上描述的缺点可能是唯一影响杜·布瓦－雷蒙德（Du Bois-Reymond）在生物电研究中使用的奇妙仪器的因素。尽管如此，他的研究仍然令人钦佩。由于指针无法归零，他用一小块磁铁将指针吸引到零的位置。我们可以将此缺点完全消除，它与卷筒的大小无关，仅需用白丝线替代绿丝线，补偿器就变得多余了，也大大提高了精确度。我们就可以使用仪器进行数量测算。如今，实验未能说明的效应变得显而易见，迄今取得的重要研究结果在今天仅需常用铜线即可获得，且铜线的长度仅为之前的一部分。[2]

---

① 参见梅洛尼，*La thermochrose*，第31-33页。

② 贝克先生的能力及智慧令我深感敬佩。他为我提供多个与杜·布瓦－雷蒙德使用过的铜线具有相同特点的样本。有些覆盖着绿色丝线，有些覆盖着白色丝线。所有绿色丝线均对磁铁产生吸引力，而所有白色丝线均产生斥力。无论在何种情况下，裸线均被磁铁排斥。

3. 根据目前对各种液体及固体特征的了解，可以推断，如果不同气体及蒸汽对热辐射产生重要的吸收效应，它们吸收最多的可能是暗热。

然而，如果对此类热量感兴趣，研究在开始阶段就会遇到一个实验方面的难题：如何闭合热辐射所穿透气体的接收器？梅洛尼发现，一块厚度为2.54毫米的玻璃板可以拦截与沸水温度相同的热源发出的所有辐射，以及温度为400℃的热源所发出辐射的94%。因此，与金属板相比，由玻璃板闭合管子的两端也无法更加符合实验的目的。

显而易见，石盐是最适合的物质；然而，很难找到大小及透明度都令人满意的石盐板。此外，如果我未曾获得有力的帮助，可能无法克服此困难。在此，我对大英博物馆的几位董事会成员深表感谢，他们为我提供了一块非常好的石盐板；我也对哈林先生（Harlin）表示感谢，他也为我提供了一块；在达克先生（Darker）[①] 的支持下，莱特森先生为我从德国带来了一块石盐，可以提取两块石盐板。我还要感谢默奇森女士（Murchison）、爱默森·特南特先生（Emerson Tenant）、菲利普·埃格顿先生（Philip Egerton）以及帕蒂森先生（Pattison）的慷慨相助。

---

① 在我研究期间，我多次有幸得到这位出色的机械师的帮助。

初期实验采用内部抛光的锡管，锡管长度为 4 英尺，直径为 60.96 毫米，两端装配着黄铜所制的延长部分，用以安装石盐板。每块石盐板都用插口式连接紧固在环箍上，并由合适的垫圈将其与环箍分开。我尝试并否决了很多种皮垫圈。最终选定的材料为硫化橡胶，并在其外部稍微涂了一层蜂蜡与鲸蜡的混合物。我将 T 字连接固定在锡管上，此连接的一侧与运转良好的空气泵相通，另一侧与外部空气相通或连接充满实验所研究气体的容器。

先将锡管水平放置；将盛有热水的"莱斯利方块"[1] 放在锡管一端的不远处，一块电力充足的电热电池与电流表相连，放在锡管另一端的前面。在使锡管内部成为真空状态后，穿透锡管的热辐射落在电池上，导致电流表指针偏斜 30°。水温的选定经过了深思熟虑，以便引起指针的偏斜。

使干燥空气进入锡管，同时仔细观察电流表的指针。即便借助于放大镜，我也没有发现指针位置的任何变化。我用氧气、氢气及氮气进行了相同的实验，得出了相同的结果。随后，我将水温降低，相继引起指针 20° 和 10° 的偏斜，然后升高水温，直至偏斜角达到 40°、50°、60° 和 70°；无论在何种情况下，无论是空气或上述气体，真空锡管并未引起指

---

[1] 方块的一侧被涂黑，并从涂黑面辐射热量。（译者注）

针位置的显著变化。

众所周知，电流表的一个特点是低刻度值与高刻度值分别代表热作用的不同数值。比如，对于我的仪器而言，使指针偏斜 60° 至 61° 所需的热量约为使其偏斜 11° 至 12° 的 20 倍。在上述偏斜角较小的情况下，指针处于最灵敏的状态；然而，穿透锡管的总热量极低，虽然有少量热量被吸收，但是无法被检测到。相反，在偏斜角较大的情况下，尽管总热量很大，且被吸收的部分与之成比例，但是需要吸收大量热量才能引起指针位置的显著变化。因此，我产生了一种想法：如果可能的话，在实验中使用大量的热量，同时确保显示热量吸收量的指针处于最灵敏的状态。

解决此问题的首次尝试如下。我使用的是差动电流表——卷筒由两种并排缠绕的线构成，可以将电流分别输送至一根线，而另一根线完全不受影响。我将电热电池放在锡管的一端，连接电流表其中一根线的端子。当我将被加热至发出暗红色光的铜球放在锡管另一端时，电流表的指针被推动至其挡块，达到近 90°。然后，将另一根线的端子与第二块电池相连，当电池接近铜球时，产生的电流在卷筒上循环，且方向与第一块电池电流循环的方向相反：随着第二块电池越来越接近热源，指针远离其挡块；当两个电流几乎相等时，指针接近零的位置。

因此，有巨大的热流穿透锡管。如果能够测量长达 4 英尺的气柱对热量的吸收量，指针将处于最能准确显示此数值的位置。在通过此方法进行的第一次实验中，当锡管中充满空气时，两个电流互相抵消；当我们开始排出锡管中的空气时，指针首先向一侧偏斜，表明当锡管处于部分真空的状态时，有少量热量穿过锡管。然而，指针不久就停止偏斜，并出现回弹的情况，然后很快回到零的位置，并向另一侧偏斜，直到指针固定不变。此次实验使用的空气直接来自于实验室，指针的最初运动很可能是由于锡管中压力突然下降使水蒸气凝结成云。如果让空气从氯化钙或硫酸湿润的轻石上方通过，我们无法再观察到此效应。指针一直向一个方向偏斜，直到到达最大偏斜角。在所有情况下，此偏斜情况都指出锡管中的空气吸收了热辐射。

这些实验始于 1859 年春天，并持续进行了五个星期。在此期间，实验遇到了很多困难。虽然很容易得出近似结果，但是我一直尝试获得精确的测量结果，而使用铜球之类的可变热源不可能实现这一任务。我使用盛有低熔点金属或油的铜管，将其加热至高温。但是我对结果并不满意。最终，我找人制作了一盏灯，灯的铜片边缘是燃烧的气体。为保证气体持续燃烧，我和胡雷先生（Hulet）特别制作了一个气压调节器。我将此装置用于实验中，调整装置的位置，使被加热的铜片构成一个燃烧室的隔板，燃烧室可以连接真空泵，使其处于真空状态。铜片发出的热量先穿过真空区，再进入实

验用的铜管。得益于此装置，我于 1859 年夏天精确地确定了
9 种气体和 20 种蒸气的热量吸收情况。虽然得出的结果足以
写一篇长论文，但是我改进了实验及研究方法，这使我能够
用更大的数值替代这些结果。因此，我将仅具体描述这七周
的研究工作，无须进行其他说明。

1860 年 9 月 9 日，我重新开始思考这些问题。在三周的
时间内，我将铜片作为热源，然后由于其缺乏稳定性而最终
放弃。此后，我将铜管中充满加热的油，一直使用到 10 月
29 日星期一。在这七周内，我每天花 8—10 小时做实验；虽
然得到了更加准确的测量结果，但是这些测量结果和之前一
样不能令我满意。在这段时期内，我一直在与研究主题带来
的难题和研究地点发生的种种故障作斗争。

我仍然使用相同热力的热源，因为研究所涉及的某些气
体吸收率过低，为了使吸收情况更加明显，必须提高温度。
对于其他气体以及我关注的所有蒸汽，温度较低的热源不仅
符合要求，而且对获得实验结果更加有利。最终，我决定使
用沸水。尽管沸水的效应较低，但是它能够维持在稳定的温
度，以至于原本可能被其他热源的观测误差所掩盖的不同偏
斜角成为了热量吸收情况的实际测量数据。

4. 关于热量吸收的实验所用的整套仪器见图 2（编者注：
见本文最后一页）。SS' 为实验管，由黄铜所制，内部抛光。
如图所示，铜管连接着空气泵 AA。在 S 点和 S' 点上，装有将

铜管密封的石盐板。从 S 点到 S' 点的长度为 4 英尺。温度计 t 被放在装有沸水的方块里。方块为铜浇铸，一面有突出的圆环，圆环上精致地焊着直径与 SS' 管相等的黄铜管，两个铜管之间可以密封连接。圆环内方块的表面为涂有炭黑的辐射表面。于是，在方块 C 和第一块石盐板之间形成了前燃烧室 F，通过软管 DD 与空气泵相连，这使我们能够使前燃烧室变成真空状态，而不影响 SS' 管。为避免热量通过热传导到达石盐板 S，F 管穿过容器 V，其入口和出口处均焊接固定在容器上。来自进水管 ii 的冷水水流不断通过容器，进水管一直浸入容器底部；水从出水管 ee 流出，冷水的不断循环完全阻挡了可能到达石盐板 S 的热量。

煤气灯 L 加热方块 C，P 为放在煤气灯下、实验管一端的电热电池，配有两个锥形反射镜。C' 为补偿方块，用其自身辐射①抵消穿过 SS' 的辐射。调节辐射抵消的操作比较棘手；为实现这一操作，我将两块隔热屏 H 与一个螺旋式机械装置相连接。通过此装置，两块隔热屏能够非常精确地向前或向后运动。关于这个大有用处的装置，我要特别感谢我的朋友加西奥先生（Gassiot）的善意相助。NN 为配备有无定向指针和无任何磁力的卷筒的电流表；电流表通过电线 ww 连接电

---

① 人们会发现在此仪器中，我并未使用差动电流表，并将电热电池作为差动仪表使用。

池 P；YY 是由长度为 81.28 厘米的 6 个氯化钙管组成的系统；R 为 U 形管，装有浸透在氢氧化钾浓缩液中的轻石碎块；Z 也为 U 形管，盛着浸泡在浓缩硫酸中的轻石碎块。如果仅要使气体干燥，可以去掉装有氢氧化钾浓缩液的 U 形管。相反，如果像大气一样同时去除水分和二氧化碳，就应当保留此 U 形管。GG 为盛气体的容器，实验所用的气体从此容器中发出，经过干燥管和 pp 管后进入实验管 SS'。我们暂时不考虑延伸部分 M 和装置 OO。我将在下文中阐释它们的用途。

我的操作方式如下：使 SS' 管和燃烧室 F 处于完全真空的状态，然后通过关闭阀门 m 和 m' 切断二者的连接。方块 C 暴露在燃烧室 F 内，其黑色表面的辐射首先穿过燃烧室 F 中的真空区域，再相继穿过石盐板 S、实验管、石盐板 S'，然后由前部锥形反射器聚集辐射，最后辐射落在与它们相对的电池 P 的表面。同时，来自加热方块 C 的辐射落在电池的背面，电流表指针立即指出占据上风的热源。只需用手移动隔热屏 H，就大致能够使两种辐射相等；然而，为使电池两面的辐射完全相等，也就是使指针准确停在零的位置，必须通过上文所提及的螺旋式装置适当调节隔热屏。

当指针指向零时，所研究的气体在经过干燥装置后进入管子。我们可以调节气体的量；在此类实验中，与液体和固体相比，能够随意调节气体密度是气体与蒸汽的一大优势。当足量气体进入仪器后，我们观察电流表。我们可以根据指针的偏斜角准确确定热量吸收情况。

电流表的刻度直到约 36° 以下都是均匀分布；也就是说使指针从 1°—2° 和使其从 35°—36° 需要的热量相等。在此界限以外，每一刻度对应更大的热量。我们已根据梅洛尼建议的方法精确地校正仪器（*La thermochrose*，第 59 页）；只需参考一个表格，就可以快速得到一个较大偏斜角对应的确切数值。因此，在 36° 以下，偏斜角本身即可作为热量吸收的表达；超过 36° 时，由于热量吸收情况与偏斜角存在一定对应关系，可以通过对应表得到数值。

5. 完全去除了水分和二氧化碳的实验室空气进入管子，直到完全将其充满，导致指针偏斜约 1°。

由氯酸钾和二氧化锰得到的氧气使指针偏斜约 1°。

由硝酸钾分解得到的氮气也导致指针偏斜约 1°。

由锌和硫酸得到的氢气也导致指针偏斜约 1°。

由电解水得到的氢气也导致指针偏斜约 1°。

由电解水得到的氧气，连续经过 8 个盛有碘化钾浓缩液的烧瓶，导致指针偏斜 1°。

在最后一个实验中，首先去除电解析出的氧气中的臭氧。然后去除碘化钾，让氧气和臭氧进入管子，指针形成 4° 的偏斜角。

在最后一种情况中，少量臭氧和氧气使氧气自身的吸收率增加了两倍。[①]

我使用不同热源，将实验重复进行了许多次。当热源温度较高时，臭氧和普通氧气之间的差异非常明显。通过更细致的分解实验，应当能够析出更多臭氧，并相应地提高热辐射效应。

为由电解水得到氧气，我使用了两种不同的容器。为了降低酸化水对电流通过形成的阻力，我在其中一个容器里放入两个尺寸很大的铂金片，由十个格罗夫（Grove）电池构成的电池组的电流在这两个铂金片之间循环。水的表面积很大，以至于出现在表面的氧气泡显得非常小。于是，氧气就形成了。尽管氧气经过了碘化钾溶液，但是并未使溶液变色，也几乎没有发出臭氧特有的气味。我在第二个容器中使用了尺寸较小的铂金片。与第一个容器相比，第二个容器中的氧气泡大很多，且并未与铂金片或水有密切的接触。如此得到的氧气具有臭氧的反应特征。我正是通过这种氧气得出了上文的结果。

在这些实验中，管子传递的总热量导致指针偏斜 71.5°。

若将使指针从 0° 偏斜至 1° 所需的热量作为单位热量，上述偏斜角表达 308 个单位热量。因此，上文所述各种气体

[①] 假设由上述方法得到的臭氧是一种化合物。我们将在下文看到，此结果与假设相符。

的吸收率为 0.33 %。

目前，尽管我已开展了数百次实验，我仍然无法将氧气、氢气、氮气和空气按照吸收率的不同加以分类。它们本身的作用非常微小，以至于任何杂质都有可能彻底改变实验结果。

在准备气体时，我使用了多篇化学论文建议的方法，这是为了找出这些方法的内在缺陷。我对此问题开展了一个大规模实验，并得到了多位朋友的帮助。得益于此，我希望能在未来解决这一难题。然而，在检查所有结果后，我认为氢气的吸收率最低。

于是，我们就得到了气体最低吸收率的情况。把这些结果与乙烯气体的结果进行比较将非常有趣。迄今为止，乙烯气体是研究过的气体中吸收率最高的。我将在 11 月 21 日进行对比实验。

由于电池两面的辐射作用相等，指针稳定在零的位置，乙烯气体导致指针偏斜 70.3°。

在排出所有气体并重新建立平衡后，将一块抛光的金属板放在电池的一面和邻近的热源之间。穿透真空管的总热量导致指针偏斜 75°。

然而，70.3° 偏斜角相当于 290 个单位热量，75° 偏斜角相当于 360 个单位热量。因此，乙烯气体吸收的热量大于总热量的 7/9，即约为 81%。

在乙烯气体进入管中后，我发现导致指针偏斜的热量与两块石盐板被不透明涂层覆盖时的相同。为证实此结果，我仔细地打磨其中一块石盐板，并在相当长的时间内向它喷射气流。这并没有使石盐板失去光泽。此外，我每天都将两块石盐板取出，它们在每天结束实验时都和早上一样透明。

在这些实验中，使用的气体来自于盛气体的容器。在此容器中，气体已与冷水接触。为验证气体是否使石盐板冷却并产生了观察到的效应，我在一个类似容器中装满空气，使它达到水温，其效应并未显著提高。

为使气体实验取得显著的结果，我找人制作了玻璃管子，并与空气泵相连。在乙烯气体进入管子后，亮度和不透明性均未出现下降。关于乙烯气体可能对石盐板产生的效应，为了消除所有疑问，我在前述锡管的中心钻孔，并安装了阀门；热源处于管子的一端，电热电池距另一端有一定的距离。此实验并未使用石盐板。管子两端是敞开的，因而充满了空气。打开锡管中间的阀门一至两秒钟，让乙烯气体进入管子，指针很快弹到挡块处。然后，在相当长的时间内，偏斜角保持在80°—90°。缓慢进入的空气逐渐将管子中的气体排出，指针又重新回到零的位置。

快速开启和关闭安装在管子上的阀门，盛气体的容器中压力约为12英寸水柱的压力；在此短暂的时隙中，进入管子的气体量足以使指针偏斜至挡块，并将偏斜角保持在60°—70°之间。

再次将气体排出管子后，快速将阀门转半圈。指针首先偏斜至 60°，随后维持在 50°。

气体逐渐进入管子，而造成此效应的气体量不超过 1/6 立方英寸（编者注：1 立方英寸等于 16.39 立方厘米）。

然后，取下管子，使两个热源可以在一定距离以外对电热电池产生作用。当指针回到零的位置时，普通的阿尔冈氏灯嘴①向其中一个热源和电池之间的空气喷射乙烯气体。气体是不可见的，任何气体的变化肉眼均无法观察到，然而指针立即指出了气体的存在，因为它偏斜了 41°。

在以上描述的四个实验中，热源是一个加热至 250℃的油块，补偿方块中盛满了沸水。②

那些像我一样将透明气体视为完全透热物质的人，很可能也和我一样对这些效应感到吃惊。实际上，我很难相信像乙烯一样如此透光的气体能够阻止大量热辐射；为避免误差，我用这种物质进行了几百次实验。然而，即使更详细地阐述这些实验结果也无法为结论提供更多内容；很显然，这是真

---

① 这种灯嘴带有围成环状的圆孔，发出圆柱形火焰。（译者注）

② 此后，我曾向大量观众用盛满沸水的补偿方块展示过此实验。

正的热量吸收。①

6. 在笼统地确定乙烯气体的吸收率后，下一个应当提出的问题是："气体密度与热量吸收之间的关系是怎样的？"

我首先尝试以下列方式回答此问题：将水银计量仪与空气泵相连；一旦试验管成为真空状态且电流计指针归零后，让乙烯气体进入管子，直至水银柱下降1英寸，记录指针的偏斜角；持续使乙烯气体进入管子，直至水银柱下降2英寸，确定水银柱下降1英寸、2英寸、3英寸等时对应的吸收率。表1第一栏指出了蒸汽的压力，第二栏为指针的偏斜角，第三栏为偏斜角对应的热量吸收值。

表1　乙烯

压力（以水银柱下降的英寸数计算）	偏斜角（°）	热量吸收量（单位）
1	56.0	90
2	58.2	123
3	59.3	142
4	60.0	157
5	60.5	168
6	61.0	177

① 显而易见，之前的实验方式也可能适用于此气体。梅洛尼研究的多种固体吸收率较低。如果时间允许，我本应当用惯常方式开展实验，以验证这些结果；我打算在未来找机会进行实验。

压力（以水银柱下降的英寸数计算）	偏斜角（°）	热量吸收量（单位）
7	61.4	182
8	61.7	186
9	62.0	190
10	62.2	192
20	66.0	227

此表并未明确说明气体密度与其吸收率的关系。我们可以看到，将密度增加 6 倍后（即压力使水银柱下降的数值对应 7 英寸），热量吸收量为之前的一倍；然而，当气体压力使水银柱下降 20 英寸时，吸收量仅为水银柱下降 1 英寸时的 2.5 倍。

但是，我们必须思考以下问题：乙烯气体使水银柱下降 1 英寸时，出现 56° 的较大偏斜角。很显然，乙烯气体应当阻挡了一大部分能够被吸收的辐射。此后的测量中，气体吸收的热量越来越少，吸收效应逐渐降低。相反，如果假设首先进入管子的气体量非常少，以至于与可被吸收的总辐射量相比，被阻挡的热辐射非常少，我们也许可以得出，气体量翻倍导致效应翻倍，气体量增加两倍导致效应增加两倍，或者一般而言，吸收率与某一时段的密度成正比。

为证实此想法，我使用了上述实验中未被使用的部分仪器。OO（见插图 2）为带刻度的玻璃管，其一端浸入一大盆水 B。管子可以由上方的断流阀 r 闭合；dd 为盛有氯化钙碎块的管子。OO 管事先盛满水，水位直至断流阀 r 的位置，然后装满乙烯气体，气体将水排出；继而，使 SS′ 管中断流阀 r 和实验管之间的部分成为真空状态。关闭阀门 n，开启阀门 r′，慢慢打开 OO 管顶端的阀门 r，以极慢的速度使气体进入 SS′ 管。OO 管中的水位上升，管子的最小刻度代表的体积为 1/50 立方英寸，以此为单位连续让气体进入管子，确定每单位气体对应的吸收率。

在表 2 中，第一栏显示管中进入的气体量；第二栏为对应的偏斜角，表中的数值可作为吸收率的表达；假设吸收率与气体密度成比例，第三栏代表计算得出的吸收率（编者注：对于 14/50 立方英寸的气体，吸收率应当为 30.8，而不是文中指出的 29.8）。

表 2　乙烯

测量单位：1/50 立方英寸

单位气体	热量吸收	
	观测结果（°）	计算结果
1	2.2	2.2
2	4.5	4.4
3	6.6	6.6
4	8.8	8.8
5	11.0	11.0

	测量单位：1/50 立方英寸	
	热量吸收	
单位气体	观测结果（° ）	计算结果
6	12.0	13.2
7	14.8	15.4
8	16.8	17.6
9	19.8	19.8
10	22.0	22.0
11	24.0	24.2
12	25.4	26.4
13	29.0	28.6
14	30.2	29.8
15	33.5	33.0

此表证明了前文中的假设，同时证明：对于少量气体而言，热量吸收与气体密度成正比。

现在，让我们估算一下所研究气体的压力。实验管的长度为48英寸，直径为2.4英寸，其体积为218立方英寸。此外，还应考虑到多个阀门和导管的容积。我们可以假设每1/50立方英寸的气体均散布于此约220立方英寸的空间中。因此，每单位气体的压力应为大气压强1/11000，此压力足以使连接空气泵的水银柱下降1/367英寸，或约为1/13毫米！

然而，尽管上述实验显示乙烯气体吸收率较高，但是有些蒸汽的吸收率远超过乙烯气体的吸收率。我在玻璃小瓶上安装了一个黄铜瓶塞，瓶塞内部有螺纹，可以用螺丝固定一个断流阀。玻璃小瓶内装满硫酸，然后通过另一个空气泵使液体上部空间完全处于真空状态。闭合玻璃小瓶的阀门，将其连接至实验管；实验管中也保持真空状态，指针处于零的位置。然后，打开阀门，使蒸汽缓慢进入实验管。一名助手观察空气泵的水银计量仪，当水银下降1英寸时，立即关闭阀门。由于部分热辐射受到阻挡，电流表指针出现偏斜，我们记录下此偏斜角。然后继续让能够使水银柱下降1英寸的蒸汽进入实验管。连续进行五次，分别记录对应的热量吸收量。

表3第一栏显示了以水银柱下降英寸数为单位的压力，第二栏为不同压力对应的偏斜角，第三栏为吸收的热量，其单位已在上文说明。为进行比较，我将乙烯气体的对应值放在第四栏。

表3 乙醚

压力（以水银柱下降英寸数为单位）	偏斜角（°）	热量吸收量	乙烯气体对应的热量吸收量
1	64.8	214	90
2	70.0	282	123
3	72.0	315	142
4	73.0	330	154
5	73.0	330	163

对于这些压力而言，乙醚蒸汽对热辐射的吸收比乙烯气体的高两倍多。我们还注意到，乙醚的热量吸收量随着压力的增加越来越快速地趋于相等，使水银柱下降 4 英寸和 5 英寸的压力导致的热量吸收量相等。

我们已对乙烯气体进行了思考。类似的思考也可适用于乙醚。如果设测量单位足够小，与总辐射相比，在第一次测量时被消除的辐射量可能非常低。在一段时间内，吸收量与密度成直接正比关系可能是显而易见的。为验证此假设，我们使用了一般描述中省略的仪器的另一要素。K 为带有黄铜瓶塞的小瓶，黄铜瓶塞被螺丝紧紧地固定在阀门 c' 上。在阀门 c' 和 c 之间为燃烧室 M，其容积的具体值为已知。在小瓶 K 中，填充部分乙醚，排出剩下的空气。在关闭阀门 c' 和开启阀门 c 后，使 SS' 管和燃烧室 M 成为真空状态。然后，关闭阀门 c 并开启阀门 c'，燃烧室 M 中充满纯净的乙醚蒸汽。再次关闭阀门 c' 并打开阀门 c，使此蒸汽进入实验管，进而测量其热量吸收值；接连让气体进入实验管，每次进气时记录产生的效应。根据实验需要及所研究的蒸汽，实验中使用了不同的单位计量值。

在使用此仪器进行的首组实验中，我忘记将小瓶中液体上方的空气排出；每次进入实验管的气体均为蒸汽和空气的混合物。这降低了蒸汽的吸收效应；然而，密度与热量吸收之间的正比关系非常明显，我还是决定指出观测到的数值。

与之前一样，第一栏显示蒸汽的单位值，第二栏为观测得出的热量吸收值，第三栏为计算得出的热量吸收值。表 4 省略了电流表的偏斜角，第二栏给出了其当量。此外，前 8 次观测得出的热量吸收值与记录的偏斜角直接相等。

表 4　乙醚与空气的混合蒸汽

测量单位：1/50 立方英寸

单位气体	热量吸收	
	观测结果	计算结果
1	4.5	4.5
2	9.2	9.0
3	13.5	13.5
4	18.0	18.0
5	22.8	23.5
6	27.0	27.0
7	31.8	31.5
8	36.0	36.0
9	39.7	40.0
10	45.0	45.0
20	81.0	90.0
21	82.8	95.0
22	84.0	99.0
23	87.0	104.0
24	88.0	108.0

	测量单位：1/50 立方英寸	
	热量吸收	
单位气体	观测结果	计算结果
25	90.0	113.0
26	93.0	117.0
27	94.0	122.0
28	95.0	126.0
29	98.0	131.0
30	100.0	135.0

我们观察到，直至第 10 次测量，密度和热量吸收值增加的比率均完全相同。随着密度从 1 增加至 10，热量吸收值从 4.5 增加至 45。然而，在第 20 次测量时，此正比关系出现偏差。在第 20 次与第 30 次测量之间，此偏差继续增大。前 20 次测量中得到的数值表明了可能吸收的辐射量；此后，被气体阻挡的辐射比例相当大，以至于随着单位蒸汽的增多，蒸汽吸收的辐射越来越少，因此产生的效应越来越不明显。

表 5 中指出的结果是通过纯净的乙醚蒸汽得出的。为确定低压蒸汽产生的吸收效应，我将单位气体量减至 1/100 立方英寸。

表5 乙醚

	测量单位：1/100 立方英寸	
	热量吸收	
单位气体	观测结果	计算结果
1	5.0	4.6
2	10.3	9.2
4	19.2	18.4
5	24.5	23.0
6	29.5	27.0
7	34.5	32.2
8	38.0	36.8
9	44.0	41.4
10	46.2	46.2
11	50.0	50.6
12	52.8	55.2
13	55.0	59.8
14	57.2	64.4
15	59.4	69.0
16	62.5	73.6
17	65.5	77.2
18	68.0	83.0
19	70.0	87.4
20	72.0	92.0

续表

	测量单位：1/100 立方英寸	
	热量吸收	
单位气体	观测结果	计算结果
21	73.0	96.7
22	73.0	101.2
23	73.0	105.8
24	77.0	110.4
25	78.0	115.0
26	78.0	119.6
27	80.0	124.2
28	80.5	128.8
29	81.0	133.4
30	81.0	138.0

我们从此表中看到，密度和吸收值之间的正比关系在前
11 次测量中得到了证实，此后偏差逐渐变大。

我还研究了若干个乙醚样本，它们对热辐射的作用比上
文所述的更强。毋庸置疑，上述规律对于测量单位低于 1/100
立方英寸的体积也适用；在合适的条件下，很容易精确地确
定由第一个单位蒸汽所导致的吸收值的 1/10 ；此数值对应体
积为 1/1000 立方英寸的蒸汽。然而，进入实验管后，蒸汽的
压力仅由实验室的室温所决定，即水银柱下降 12 英寸。应当

将此压力乘以 2.5，以达到大气压强的水平。我在上文中断言，能够测量 1/1000 立方英寸蒸汽的热量吸收量。在这些蒸汽扩散于 220 立方英寸的空间中后，1/1000 立方英寸蒸汽的压力为大气压强的 1/220 × 1/2.5 × 1/1000=1/500000（编者注：实际上，此压力应为大气压强的 1/550000）！

现在，我将指出通过其他 13 种蒸汽得到的结果。无论在何种情况下，实验方法与乙醚实验的方法相同，唯一可变因素为测量单位；对许多物质而言，在其体积等于上述实验中使用的单位体积的情况下，不会产生可测量的效应。比如，对于二硫化碳，见表 6，有必要将测量单位提高 50 倍，以便得到令人满意的结果。

表 6　二硫化碳

	测量单位：1/2 立方英寸	
	热量吸收	
单位气体	观测结果	计算结果
1	2.2	2.2
2	4.9	4.4
3	6.5	6.6
4	8.8	8.8
5	10.7	11.0
6	12.5	13.0
7	13.8	15.4
8	14.5	17.6

续表

测量单位：1/2 立方英寸

单位气体	热量吸收	
	观测结果	计算结果
9	15.0	19.0
10	15.6	22.0
11	16.2	24.2
12	16.8	26.4
13	17.5	28.6
14	18.2	30.8
15	19.0	33.0
16	20.0	35.2
17	20.0	37.4
18	20.2	39.6
19	21.0	41.8
20	21.0	44.0

　　直至第 6 次测量，热量吸收值均与密度成正比；此后，每单位蒸汽的效应不断降低。若对比使水银柱下降 1/2 英寸和 1 英寸的蒸汽量分别导致的热量吸收值，见表 7，我们可以观察到同样的差别。

表 7　对比值

由水银计量仪测量结果	
压力	热量吸收
1/2 英寸	14.8
1 英寸	18.8

我们知道，这些数据仅表明：电流表指针的偏斜角在达到 36° 或 37° 以前，均与热量吸收值成严格正比关系。如果蒸汽压力与热量吸收值之间也遵循此正比关系，使水银柱下降 1 英寸导致的热量吸收当然为 29.6，而不是 18.8。

无论是以等于最大密度的蒸汽体积为基础，或以水银柱测量的相等压力为基础进行比较，在我研究的所有蒸汽中，二硫化碳的吸收率最低。把微量的乙醚放入容器中，使其密度最大化，然后通过试管散出，其吸收的热辐射是同体积最大密度的二硫化碳的 100 倍。迄今为止，这是我在研究中记录的两个极端数值。其他蒸汽的效应低于乙醚，而高于二硫化碳。在二硫化碳的实验中，一个非常奇怪的现象重复出现。在确定此蒸汽的吸收率后，我尽可能地使实验管成为真空状态，剩余的乙醚气体的痕迹非常少。然后，使干燥空气进入实验管，以便对其进行清洗。当再次抽空管中空气时，空气泵仅抽动了几下，我就感到了猛然地震动，并听到类似爆炸的声音。与此同时，空气泵的气缸中突然冒出蓝色的螺旋状浓烟。此作用仅发生于气缸中，并没有蔓延至实验管里。

只有用二硫化碳进行实验时，才会发生此现象。我对此提出如下解释：为打开活塞的阀门，阀门下方的气体应当具有一定压力；为达到此压力而进行的必要压缩似乎足以将二硫化碳的构成要素与空气中的氧气相结合。由于很容易从浓烟中辨别出硫酸的气味，必然发生了这一结合。

为验证我的想法，我在空气泵中实验了压缩效应。将一块浸泡在二硫化碳中的废麻或棉布放在空气泵中，当空气压缩时，这块废麻或棉布发出一道强烈的电光。通过从玻璃管吹入空气而驱散浓烟，可以用相同的棉布重复进行此实验20次。

甚至无须将浸泡在二硫化碳中的棉布留在空气泵中。如果能够尽可能快地放入和取出棉布，当空气压缩时，即可看到一道电光。纯氧气产生的电光比空气更明亮。这些事实与上述解释相符。

戊烯测量结果见表8。

表8 戊烯

	测量单位：1/10 立方英寸	
	热量吸收	
单位气体	观测结果	计算结果
1	3.4	4.3
2	8.4	8.6
3	12.0	12.9
4	16.5	17.2
5	21.6	21.5
6	26.5	25.8
7	30.6	30.1
8	35.3	34.4
9	39.0	38.7
10	44.0	43.0

对于这些数量，吸收率与密度成正比。然而，如表 9 所示，对于更大的数量，我们观察到电流计指针出现惯常的偏斜角。

表 9　对比值

由水银计量仪测量结果		
压力	偏斜角（°）	热量吸收
1/2 英寸	60	157
1 英寸	65	216

如果遵循正比关系，在水银柱降低 1 英寸的压力下，热量吸收值应为 314，而不是 216。

碘乙烷、碘甲烷、碘戊烷测量值见表 10 至表 14。

表 10　碘乙烷

	测量单位：1/10 立方英寸	
	热量吸收	
单位气体	观测结果	计算结果
1	5.4	5.1
2	10.3	10.2
3	16.8	15.3
4	22.2	20.4
5	26.6	25.5
6	31.8	30.6
7	35.6	35.7
8	40.0	40.8

续表

	测量单位：1/10 立方英寸	
	热量吸收	
单位气体	观测结果	计算结果
9	44.0	45.9
10	47.5	51.0

表 11 对比值

由水银计量仪测量结果		
压力	偏斜角（°）	热量吸收
1/2 英寸	56.3	94
1 英寸	58.2	120

表 12 碘甲烷

	测量单位：1/10 立方英寸	
	热量吸收	
单位气体	观测结果	计算结果
1	3.5	3.4
2	7.0	6.8
3	10.3	10.2
4	15.0	13.6
5	17.5	17.0
6	20.5	20.4
7	24.0	23.8

测量单位：1/10 立方英寸		
	热量吸收	
单位气体	观测结果	计算结果
8	26.3	27.2
9	30.0	30.6
10	32.3	34.0

表 13　对比值

由水银计量仪测量结果		
压力	偏斜角（°）	热量吸收
1/2 英寸	48.5	60
1 英寸	56.5	96

表 14　碘戊烷

测量单位：1/10 立方英寸		
	热量吸收	
单位气体	观测结果	计算结果
1	0.6	0.57
2	1.0	1.1
3	1.4	1.7
4	2.0	2.3
5	3.0	2.9
6	3.8	3.4
7	4.5	4.0

续表

	测量单位：1/10 立方英寸	
	热量吸收	
单位气体	观测结果	计算结果
8	5.0	4.6
9	5.0	5.1
10	5.8	5.7

戊基氯测量见表 15、表 16。

在此情况下，偏斜角非常小；然而，此物质不易挥发，实验管中单位蒸汽的压力应当为无限小。通过我获得的样本，难以得到足以使水银柱降低 1/2 英寸的压力；因此，我未能开展此类观察。

表 15　戊基氯

	测量单位：1/10 立方英寸	
	热量吸收	
单位气体	观测结果	计算结果
1	1.3	1.3
2	3.0	2.6
3	3.8	3.9
4	5.1	5.2
5	6.8	6.5
6	8.5	7.8
7	9.0	9.1

	测量单位：1/10 立方英寸	
	热量吸收	
单位气体	观测结果	计算结果
8	10.9	10.4
9	11.3	11.7
10	12.3	13.0

表 16　对比值

由水银计量仪测量结果		
压力	偏斜角（°）	热量吸收
1/2 英寸	59	137
1 英寸	无法实现	

表 17　苯

	测量单位：1/10 立方英寸	
	热量吸收	
单位气体	观测结果	计算结果
1	4.5	4.5
2	9.5	9.0
3	14.0	13.5
4	18.5	18.0
5	22.5	22.5
6	27.5	27.0
7	31.6	31.5

	测量单位：1/10 立方英寸	
	热量吸收	
单位气体	观测结果	计算结果
8	35.5	36.0
9	39.0	40.0
10	44.0	45.0
11	47.0	49.0
12	49.0	54.0
13	51.0	58.5
14	54.0	63.0
15	56.0	67.5
16	59.0	72.0
17	63.0	76.5
18	67.0	81.0
19	69.0	85.5
20	72.0	90.0

　　苯的测量见表17、表18。

　　直到约第10次测量之前，密度与热量吸收值仍遵循正比关系。一旦超过此阶段，偏差逐渐加大。

表 18　对比值

由水银计量仪测量结果		
压力	偏斜角（°）	热量吸收
1/2 英寸	54	78
1 英寸	57	103

甲醇测量见表 19、表 20。

表 19　甲醇

		测量单位：1/10 立方英寸
	热量吸收	
单位气体	观测结果	计算结果
1	10.0	10.0
2	20.0	20.0
3	30.0	30.0
4	40.5	40.0
5	49.0	50.0
6	53.5	60.0
7	59.2	70.0
8	71.5	80.0
9	78.0	90.0
10	84.0	100.0

表20 对比值

由水银计量仪测量结果		
压力	偏斜角（°）	热量吸收
1/2 英寸	58.8	133
1 英寸	60.5	168

甲酸乙酯测量见表21、表22。

表21 甲酸乙酯

测量单位：1/10 立方英寸

	热量吸收	
单位气体	观测结果	计算结果
1	8.0	7.5
2	16.0	15.0
3	22.5	22.5
4	30.0	30.0
5	35.2	37.5
6	39.5	45.0
7	45.0	52.5
8	48.0	60.0
9	50.2	67.5
10	53.5	75.0

表 22　对比值

由水银计量仪测量结果		
压力	偏斜角（°）	热量吸收
1/2 英寸	58.8	133
1 英寸	62.5	193

丙酸乙酯测量见表 23、表 24。

表 23　丙酸乙酯

	测量单位：1/10 立方英寸	
	热量吸收	
单位气体	观测结果	计算结果
1	7.0	7.0
2	14.0	14.0
3	21.8	21.0
4	28.8	28.0
5	34.4	35.0
6	38.8	42.0
7	41.0	49.0
8	42.5	56.0
9	44.8	63.0
10	46.5	70.0

表 24　对比值

由水银计量仪测量结果		
压力	偏斜角（°）	热量吸收
1/2 英寸	60.5	168
1 英寸	无法实现	

三氯甲烷测量见表 25。

表 25　三氯甲烷

		测量单位：1/10 立方英寸
	热量吸收	
单位气体	观测结果	计算结果
1	4.5	4.5
2	9.0	9.0
3	13.8	13.5
4	18.2	18.0
5	22.3	22.5
6	27.0	27.0
7	31.2	31.5
8	35.0	36.0
9	39.0	40.5
10	40.0	45.0

后续观察显示，三氯甲烷对热量的吸收量稍微高于上表指出的结果。

乙醇测量见表 26、表 27。

表 26 乙醇

测量单位：1/2 立方英寸

| 单位气体 | 热量吸收 | |
	观测结果	计算结果
1	4.0	4.0
2	7.2	8.0
3	10.5	12.0
4	14.0	16.0
5	19.0	20.0
6	23.0	24.0
7	28.5	28.0
8	32.0	32.0
9	37.5	36.0
10	41.5	40.0
11	45.8	44.0
12	48.0	48.0
13	50.4	52.0
14	53.5	56.0
15	55.8	60.0

表27　对比值

由水银计量仪测量结果		
压力	偏斜角（°）	热量吸收
1/2 英寸	60	157
1 英寸	无法实现	

　　在此，当压力相等或体积相等（气体处于最大密度）时，测量结果之间的差异非常显著。

　　对乙醇而言，我不得不将单位测量值定为1/2立方英寸，以获得与单位测量值仅为1/10立方英寸的苯近乎相同的效应；然而，当0.5立方英寸的压力时，乙醇吸收的热量为苯的两倍。如果乙醇与乙醚均为最大密度，且单位测量值相等，它们之间也存在着巨大的差异；但是，为使乙醇和乙醚压力相同，应当大大提高乙醇的密度。因此，如果两种物质的压力相同，它们之间的差异就会大大降低。类似的推论也适用于很多其他物质，我们已在上述表格中描述了这些物质的特征；比如适用于碘戊烷、戊基氯及丙酸乙酯。对于压力相同的物质来讲，毫无杂质的丙酸乙酯的吸收率高于乙醚并非不可能。

　　上文已提到，这些实验使用的均为内面抛光的黄铜管，以便更清楚地阐明吸收率较低的气体及蒸汽的效应。然而，有一天，我尝试用氯气开展此实验。为此，我使一定量氯气进入实验管。指针立即出现偏斜的情况；但是，一旦使实验管处于真空状态后①，指针并没有回到零的位置。为清洗实验管，我连续十次使空气进入实验管；尽管如此，指针与零的位置总保持 40° 的偏斜角。我很快找到了原因：氯气侵蚀了金属，部分破坏了其反射属性；因此，管壁本身吸收的热量足以导致指针出现上述偏斜角。在之后的实验中，我不得不重新对实验管进行抛光。

尽管实验中的其他蒸汽并未持续产生类似的效应，我仍然确保了此类误差不影响实验结果。因此，我仔细地在一个类似的黄铜管上涂抹了一层炭黑，涂有炭黑的部分长度为 2 英尺。我将蒸汽压力设置为 0.3 英寸，并用此黄铜管确定了之前研究的所有蒸汽的吸收率。我仅试图笼统地证实此前的实验结果。我相信不一致的情况非常罕见，并可能随着连续测量而消失，或者如果我们进行更细致的研究，这些不一致的情况均可得到解释。

在表 28 中，我将通过涂有炭黑的实验管和内部表面抛光的实验管取得的结果进行对比。对于前一种情况，蒸汽压力为 3/10 英寸，而后一种情况中的压力为 5/10 英寸。

---

① 空气泵气缸中冒出深色浓烟，与硫化氢产生的效果类似。

表 28　对比

蒸汽	热量吸收		
	抛光管，0.5 立方英寸	涂黑管，0.3 立方英寸	按比例调整后，抛光管吸收的热量
二硫化碳	5.0	21	23
碘甲烷	15.8	60	71
苯	17.5	78	79
三氯甲烷	17.5	89	79
碘乙烷	21.5	94	97
木精	26.5	123	120
甲醇	29.0	133	131
戊基氯	30.0	137	135
戊烯	31.8	157	143

在此，我们看到，在两种实验管中，不同蒸汽的吸收率排序相同。总的来说，涂黑管中蒸汽的热量吸收量比抛光管高约 4.5 倍。因此，在第三栏中，我列出了将第一栏数值乘以 4.5 后得到的数值。这些数值清楚地阐明，通过抛光管取得的结果并未受到蒸汽导致的内部表面反射属性变化的影响。

在使用涂黑管的情况下，我们可将不同物质根据其吸收率由低到高排序：乙醇、乙醚、甲酸乙酯和丙酸乙酯；在使用抛光管的情况下，顺序依次为：甲酸乙酯、乙醇、丙酸乙酯和乙醚。

如前文所述，这些差别极可能消失，或从更深入的研究中得到解释。实际上，仅需样本的纯度存在极微小的差异，就足以导致吸收率的差异。①

7. 经常性气体对热辐射的作用不同。上文已对氧气、氮气、氢气、空气及乙烯气体的特征进行了描述。除这些气体以外，我还考察了一氧化碳、二氧化碳、硫化氢及一氧化二氮。这些气体的作用小于前文中阐述的各种蒸汽。因此，为研究吸收量与密度之间的关系，我不再使用蒸汽实验中的单位测量值，并通过水银计量仪测定进入实验管的气体量。

表 29、表 30 是一氧化碳测量值。

表 29 一氧化碳

压力 （使水银柱下降的英寸数）	热量吸收	
	观测结果	计算结果
0.5	2.5	2.5
1.0	5.6	5.0
1.5	8.0	7.5
2.0	10.0	10.0

---

① 为阐明本文的论述，我在此指出：由我的两位化学家朋友提供的两个甲醇样本的热量吸收量分别为 84 和 203。第一个样本经过了细致地净化，第二个样本含有杂质。然而，两个样本均贴着甲醇的标签。我特意找人制作了一个仪器，以考察臭氧对实验管内部的影响。

续表

压力 （使水银柱下降的英寸数）	热量吸收	
	观测结果	计算结果
2.5	12.0	12.5
3.0	15.0	15.0
3.5	17.5	17.5

当 3.5 立方英寸时，一氧化碳的吸收量与气体密度成正比。然而，对于大量气体而言，此正比关系不再成立，正如表 29 所示。

表 30　对比值

压力 （使水银柱下降的英寸数）	偏斜角（°）	热量吸收量
5	18.0	18
10	32.5	32.5
15	41.0	45

表 31、表 32 是二氧化碳测量值。

表 31　二氧化碳

压力 （使水银柱下降的英寸数）	热量吸收	
	观测结果	计算结果
0.5	5.0	3.5
1.0	7.5	7.0

压力 （使水银柱下降的英寸数）	热量吸收	
	观测结果	计算结果
1.5	10.5	10.5
2.0	14.0	14.0
2.5	17.8	17.5
3.0	21.8	21.0
3.5	24.5	24.5

在此表中，正比关系非常明显，但是对于大量气体而言，它也不成立。

表 32　对比值

压力 （使水银柱下降的英寸数）	偏斜角（°）	热量吸收量
5	25.0	25
10	36.0	36
15	42.5	48

表 33 是硫化氢测量值。

表 33　硫化氢

压力（使水银柱下降 的英寸数）	热量吸收	
	观测结果	计算结果
0.5	7.8	6
1.0	12.5	12

压力（使水银柱下降的英寸数）	热量吸收	
	观测结果	计算结果
1.5	18.0	18
2.0	24.0	24
2.5	30.0	30
3.0	34.5	36
3.5	36.0	42
4.0	36.5	48
4.5	38.0	54
5.0	40.0	60

当 2.5 立方英寸时，热量吸收量与气体密度的正比关系成立。然后，数值间的差别逐渐增大。尽管我非常仔细地进行了测量，我还想在此重复说明。在排出管内气体时，空气泵气缸中升起浓烟。我无法确定地说，此浓烟并未扩散至实验管，且并未对实验结果造成影响。

表 34 是一氧化二氮测量值。

表 34　一氧化二氮

压力（使水银柱下降的英寸数）	热量吸收	
	观测结果	计算结果
0.5	14.5	14.5
1.0	23.5	29.0

压力 （使水银柱下降的英寸数）	热量吸收	
	观测结果	计算结果
1.5	30.0	43.5
2.0	35.5	58.0
2.5	41.0	71.5
3.0	45.0	87.0
3.5	47.7	101.5
4.0	49.0	116.0
4.5	51.5	130.5
5.0	54.0	145.0

在此，自实验开始，热量吸收量与气体密度就没有遵循正比关系。

现在，正如我在论文起始时所表示的，我将对弗朗兹博士取得的实验结果进行评论。这些实验使用长度为 3 英尺的管，并将其内部涂黑，测量出空气吸收率为 3.54%。相反，在我的实验中，我使用了 4 英尺长、内部抛光的管。因此，由于辐射穿过的距离大于 4 英尺，吸收率仅为上述数值的 1/10。在弗朗兹博士的实验中，二氧化碳的吸收率低于氧气。根据我的研究，在气体量较少的情况下，二氧化碳的吸收率约为氧气的 150 倍；对于大气压强来讲，二氧化碳的吸收率很可能是氧气的 100 倍。

134　　　弗朗兹博士与我的实验结果的差异也许能够通过以下方式进行解释。弗朗兹博士使用的热源是阿尔冈氏灯嘴，其实验管的两端由玻璃板闭合。然而，梅洛尼曾指出，1/10 英寸厚的玻璃板吸收了洛卡泰利氏油灯[①]发出的61%的热辐射。因此，弗朗兹博士实验用油灯所发出辐射的大部分仅加热了位于其实验管两端的玻璃板。于是，两端的玻璃板成为次要热源，其辐射对电池产生影响。在进气过程中，玻璃板通过热传导和对流失去的热量所产生的效应应与实际吸收效应完全一致。我使实验管中空气能够接触辐射板，并获得了 20°—30° 的偏斜角，这是由于辐射板温度下降，而非由于吸收效应。此外，如果我使用光源产生的热量，我必定会看到 0.33% 的吸收率出现大幅下降。

　　8. 现在，我应当提及一项非常有趣的观察，此观察涉及大气层对太阳热量和地球热量的效应。我于 11 月 20 日分别对空气、二氧化碳和大气中的水蒸气进行了观察，得出如下结果：

　　通过干燥管和盛有氢氧化钾的管的空气导致的热量吸收量约为 1；

　　总是含有二氧化碳[②]和水蒸气的、直接来自实验室的空气

---

　　① 洛卡泰利氏油灯的灯芯切面为正方形，油槽上装有阀门，并配有增大亮度的凹面镜。（译者注）

　　② 还有由用来加热方块的两个灯嘴所产生的部分硫酸。

导致的热量吸收量约为 15；

减去气态酸的效应后，上述日期中大气层含有的水蒸气所导致的热量吸收量至少为大气层本身的 13 倍。

我计划在未来重复开展这些实验，并扩展实验的范围[1]；然而，我们已经可以从这些实验中得出至关重要的结论。正如普耶先生所测定的，大气层对太阳辐射的吸收极有可能主要由于空气中含有的水蒸气。太阳在正午时分和夜间的巨大温差也极有可能由于地球表面附近的水蒸气薄层。在正午时分，太阳光穿透的厚度非常小；与之相比，夜晚则非常大。

我认为，在高山地区，直接太阳光的酷热并不是由于其穿透的空气厚度小，而是由于水蒸气在此高度大气层中的比例大大降低。

然而，尽管这些水蒸气对暗热辐射具有摧毁性作用，但是对光辐射的阻挡相对较少。因此，大气层中的水蒸气大大增加了太阳向地球发出的热辐射与地球向空间发出的热辐射之间的差异。

德索叙尔先生、傅里叶先生、普耶先生和霍普金斯先生均认为大气对地球辐射的阻挡是影响气候的最重要因素。如果此影响在很大程度上由于水蒸气（前文所述的实验结果），

---

[1] 开展此实验的地点具有特殊性，在其他条件下重复实验非常必要。

大气层中水蒸气含量的任何变化均可能导致气候变化。类似推论可能也适用于空气中的二氧化碳。任何碳氢化合物水蒸气的细微变化均可能对地球辐射产生重要影响，并导致气候的相应变化。因此，假设大气层密度和厚度的变化以解释地球储存的热量随时间的变化，是完全不必要的；大气层任何组成成分的微小变化均足以导致地球储热的变化。这些变化可能导致了地质研究中揭示的所有气候变化。无论何种情况下，上述事实均为真实；它们是导致气候变化的真正原因，而尚未确定的仅有这些影响的规模。

虽然前文仅描述了部分已实现的测量，但是它们足以回答在此要阐明的问题。它们指出了在无色气体和蒸汽的热辐射作用之间存在的巨大差异；还指出，对于较少量气体而言，每种蒸汽的吸收率均与其密度成正比。

从这些实验中得到的分子作用的情况，比迄今为止的所有此类实验都更纯粹。微粒之间彼此限制。无论在固体或液体中，微粒之间的凝聚力均发挥作用。除分子作用以外，微粒本身也发挥作用，这使我们更难以理解这些事件。相反，在上文描述的情况中，所有分子均完全不受约束，而且这些实验揭示的效应仅由分子的单独作用所导致；因此，我们比以往任何时刻都更多地关注这些独特的物理属性，一个分子阻挡了热辐射，而另一个分子则对热辐射完全无阻挡。

9. 对于不同气体的热辐射，我们知道，火焰所发出光的数量首先取决于一个固体的炽热程度。比如，普通燃烧气体喷射流的亮度主要由于火焰释放出了炭的固体颗粒。

梅洛尼将这种作用与热辐射进行对比。他发现，将螺旋状铂金线放入火焰中将大大提高其酒精灯的辐射。此外，他还发现，放在阿尔冈氏灯嘴上升热气流中的金属线卷筒发出强烈的辐射。然而，如果去掉金属线，其实验仪器无法探测到任何热辐射。他由此下结论，空气的热辐射率极低，以至于最好的验温仪器都无法将其探测到。[①]

迄今为止，在关于这一主题的实验中，得以发表的仅有梅洛尼的实验；现在，我在这里也将描述我自己在这方面完成的实验。将配有锥形反射器的电池放在一个支架上，前面放置已抛光的锡制隔热屏。将一盏酒精灯放在隔热屏后，使隔热屏完全遮挡住火焰；热空气柱升至隔热屏之上，电池记录其发出的热辐射，这导致指针形成很大的偏斜角。用蜡烛或普通油灯嘴替代酒精灯，产生的效应相同。

在上述实验中，燃烧产生的热量对电池产生作用。然而，通过在隔热屏后放置一个铁铲或金属球，可以很容易地指出纯净空气的辐射。这将引起指针形成偏斜角。如果铁铲被加热至发出红光，偏斜角将超过 60°。这一效应仅由于空气辐射；

---

① 参见 *La thermochrose*，第 94 页。

图 1　测量装置

铁铲的热量无法到达电池，热空气不接近电池，因此无法通过接触传递热量。由于这些效应很容易获得，我无法理解为何一位像梅洛尼这样优秀的实验者没能观察到。

　　我的下一个课题是测定不同气体是否具有不同的辐射率。为此，我设计了如图 1 所示的装置。P 代表配有两个锥形反射器的电热电池；S 为已抛光的双层锡制隔热屏；A 为两个同心圆圆环构成的阿尔冈氏灯嘴，圆环上有通过气体的钻孔；C 为加热铜球；tt 管与盛有所研究气体的容器相连。当将铜球 C

放在阿尔冈氏灯嘴上时，它必然使周围空气的温度上升；与上述实验一样，上升气流出现并对电池产生作用。我们发现，有必要抵消热空气所导致的辐射；"莱斯利方块"L中的热水比空气的温度高几度，将其放在电池反面的附近。

一旦指针回到零的位置，打开盛气体的容器上的阀门；气体通过灯嘴，与铜球接触，然后形成热空气柱，上升至电池处。仔细观察电流表，记录指针所划出的弧线的范围。无须说明隔热屏将铜球完全与电热电池隔离。即使情况并非如此，实验使用的补偿方式也能够使我们得出气体的单纯作用。

表35列出了这些实验的结果。为每种气体赋予的数值等于电流表指针在此气体的辐射作用下所形成的偏斜角[①]：

表35　不同气体对比

空气	0°
氧气	0°
氮气	0°
氢气	0°
一氧化碳	12°
二氧化碳	18°

[①] 我还将向广大公众阐释这些关于辐射的实验。我们可以很容易地将这些实验引入关于热辐射的课程中。

续表

一氧化二氮	29°
乙烯	53°

我们还记得，空气辐射由"莱斯利方块"所抵消。因此，图表指出的零度仅表明，来自盛气体容器并通过阿尔冈氏灯嘴的空气循环并未提高效应。氧气、氢气和氮气也以同样的方式被喷射出，并与铜球接触，也未提高效应。相反，其他气体不仅呈现显著的效应，而且各种效应之间存在显著差异。它们的辐射率排序与吸收率完全相同。在 5 立方英寸的条件下，其热量吸收导致的偏斜角如表 36 所示：

表 36　对比

空气	小于 1°
氧气	同上
氮气	同上
氢气	同上
一氧化碳	18°
二氧化碳	25°
一氧化二氮	44°
乙烯	61°

我们可以很容易地为这些实验赋予更巧妙的形式，并提高精确度。我打算在以后实现这一想法。现在，我仅想对这

些气体的辐射率进行大致排序。以下是一种非常有趣的且能够同时阐明辐射和吸收的方法：当"莱斯利方块"的抛光面朝向电热电池时，产生的效应十分微小。然而，如果将抛光面覆盖上一层油漆，效应将大大增强。除油漆以外，我们还可以使用气膜。"莱斯利方块"内部装满沸水，抛光面朝向电池，其对电流表的效应像往常一样得到抵消。指针位于零度的位置，我们在金属表面罩上一层乙烯气膜，而乙烯气体从一条窄缝中流出。辐射增加导致倾斜角达到45°。当切断气流时，指针重新回到零度的位置。

我们可以通过将方块中盛满冷水，来说明气膜的吸收效应，但是水的温度应当足够低，以至于能够导致大气层中水蒸气的沉淀。将一个镀金铜球在冷却液中降温，然后放在电池前。将盛有水和冰块混合物的烧杯放在电池的另一面，以抵消其效应。在铜球表面罩上一层乙烯气膜，但是这导致倾斜角显示热量吸收并未增大，而是有所下降。此前，铜球表面覆盖着一层冰霜，这是吸收热辐射最好的物质。乙烯气体比冰的温度高，抵消了冰的部分热量吸收。然而，当铜球的温度仅比大气低若干度，且其表面干燥时，气膜与油漆层产生相同的效应；它提高吸收率。

一个引人注目的效应首先增加了实验的复杂性，现在终于得到解释。让我们想象实验管处于真空状态且指针处于零的位置；管中进入了少量乙醇或乙醚蒸汽；此蒸汽阻挡一个热源发出的部分热量，而另一个热源占上风。让我们假设导致的指针偏斜角为 45°。如果现在干燥空气进入实验管，直至将其充满，其效应必然是稍微提高吸收率，并加大上述偏斜角。然而，实际上，我们观察到如下效应：当空气进入实验管时，指针所指的数值并未升高，而是有所降低；指针将降至 26°，仿佛部分被掩藏的热量重见天日。尽管如此，指针到达 26° 后停止，划了半圈，然后快速弹回，并一直停在稍微超过 45° 的刻度处。假设实验管现在成为真空状态；抽出空气 / 蒸汽可能重新建立实验开始时的平衡；但是，我们观察到的效应是：刚抽出气体时，指针从 45° 升至 54°；它停止不动、弹回，然后降至零度，并停留在此。

我曾尝试不同方法来解释这种反常现象，最终使用了以下方法：在实验管的外表面焊接热电偶，将端子连接至电流表。实验管进气后，指针出现偏斜角，这表明进入处于真空状态的实验管内部的空气温度升高。抽出管内空气时，指针也出现偏斜角，这表明管内温度下降。这些为已知效应；然而，我想获得这些效应的绝对可靠性。因此，我请人为实验管钻孔，在不影响密封性的情况下，在实验管上安装多个温度计。当气体充满实验管时，温度计数值升高；当实验管成为真空状态时，温度计数值下降；对于纯净空气而言，温差的范围为 5 ℉（-15℃）。

因此，上文描述的独特现象可通过以下方法解释。所研究蒸汽的吸收率与辐射率均非常高。在空气进入实验管时，空气产生的热量传递给蒸汽，蒸汽成为热辐射的临时热源。仅由于蒸汽的存在，偏斜角度就有所减小。当实验管成为真空状态后，相反的情况就会发生；蒸汽温度下降，其对电池邻面所发出热量的巨大吸收作用更加明显，正常效应得以增大。

在这两种情况下，效应均为暂时性的；蒸汽快速地失去其所吸收的热传导，又快速地找回失去的热量，然后事情重新按照正常的过程发展。

10. 对于辐射、吸收和传导的物理关联，我坚信，虽然最近的研究让我们对热量的本质有了更深入的了解，我们仍然对决定辐射、吸收和传导的原子条件所知甚少。导致一个星体辐射强，而另一个星体辐射弱的特性是什么？辐射与吸收相等的理论解释是什么？正如巴尔福尔·史都华先生（Balfour Steward）所指出的，为何非常透热的星体不是好的辐射体，而不透热星体则是好的辐射体？热量是如何被传导的？"导热性良好"和"导热性不好"的严格物理意义是什么？一般而言，为何性能好的导体可能辐射性不理想，而性能欠佳的辐射体均有很好的导热性？这些问题以及其他很多问题都涉及已经或多或少得到公认的事实，但仍然等待我们提出完整的答案。我向皇家学会提交以下思考，并不是希望提供这些答案，而是阐明我们能够为不同效应找到共同的解释。

前文中介绍的实验涉及不受约束的原子，它们可能独立存在或为化合物。无论在何种情况下，普遍公认的是发生了热量吸收。根据热量的动态理论，这意味着振荡状态下的乙醚原子部分接受了振荡运动。如果我们愿意，可以想象原子表面在一定程度上凹凸不平，这使乙醚能够将它们紧紧抓住并带着它们移动。然而，无论是何种属性使原子接受乙醚的振动运动，当原子浸入静止乙醚并发生振荡时，此属性应当使原子能够为静止的乙醚赋予运动。仅需想象浸入水中的物体的情况，就能理解必然如此。在此，存在与磁性一样严格的极性。如果存在吸收，我们可以从理论上无条件地推理出辐射率；如果存在辐射，我们可以同样精确地推理出吸收率；辐射率和吸收率均应为衡量彼此的标准。[①]

此推理仅基于乙醚和浸入其中的原子之间的机械关系，实验已全部证实。研究表明，不同气体的吸收率之间存在很大差异，且其辐射率之间的差异非常类似。然而，什么特殊属性为一个分子赋予了高吸收率，而另一个分子对经过的热辐射没有任何阻挡？我认为，本文阐释的实验可以部分回答这一问题。如果我们研究上文给出的结果，我们看到氢气、氧气和氮气等基本气体和空气中的混合气体的吸收率和辐射

---

① 在我写下这些时，尚未了解基尔霍夫（Kirchhoff）关于辐射和吸收关系的研究，他的研究令人钦佩。

率大大低于气体化合物。如果我们结合原子理论和乙醚的概念，这一结果符合期待。道尔顿（Dalton）认为每种基础气体均为单独的气层。如果我们采用他的观点，假设某个气层在静止乙醚中振荡或静止气层被置于振荡乙醚中，第一种情况中的原子运动传递及第二种情况中原子对振荡运动的接受应当均低于大量原子组合在一起且作为一个系统发生运动的情况。实际上，我们看到混合在一起的氢气和氮气仅产生非常微小的效应，而当它们形成化合物氨气时，就会导致巨大的效应。按照电解实验中的氢氧比例混合两种气体，几乎不会产生效应。当它们形成化合物并以水蒸气的形式存在时，会产生巨大的效应。氧气和氮气也是如此，混合后的两种气体吸收和辐射都较弱，它们在空气中就混合在一起。当它们结合为一个振荡系统并形成一氧化二氮时，效应就大大增强了。5 立方英寸的纯净空气导致吸收的热量不超过 0.2℃，而压力相同的一氧化二氮导致的吸收为 51℃。因此，一氧化二氮的吸收是空气的 250 倍。我认为，在化学领域里，没有什么比这一事实更能说明空气为混合气体，而非化合物。我已提出过这一观点。同理，在压力相同条件下，一氧化碳的吸收为氧气的 100 倍；二氧化碳的吸收约为氧气的 150 倍；乙烯气体的吸收为其组成成分氢气的 1000 倍。尽管如此，许多挥发性气体蒸汽的吸收超过了前文援引的数值。我们知道，在这些挥发性气体蒸汽中，原子群达到了最复杂的程度。

我认为复合分子在乙醚中暴露的表面积很大，这与我们研究的单独原子的情况相反。到目前为止，我的思考仅限于此。由于这些差异，如果分子在运动，乙醚应当呈波浪形振动。然而，如果涉及原子运动，乙醚的振动呈小波浪形，如同水面泛起的涟漪。此外，在其他条件相同的情况下，分子在阻挡运动方面发挥的影响大于原子。但是，还有一个重要问题。我们已经分析过特征的所有气体和蒸汽均是透光的；这意味着可见光穿过它们，并未发生显著的吸收作用。因此，它们的吸收率很显然取决于气体的波动周期。在此问题上，本研究的结论与以下学者的研究一致：尼埃普斯（Nièpce）的实验、傅科（Foucault）的观察、埃格斯特朗（Ångström）、斯托克斯（Stokes）和汤姆森（Thomson）的推测、基尔霍夫的杰出研究以及大大扩展我们实验领域的邦森（Bunsen）的研究。基尔霍夫结论性地指出所有原子特别吸收与其自身振荡周期同步的光波。然而，除了暴露于乙醚中的表面增大这一事实，一般而言，单独原子结合为原子群后，在乙醚中运动的速度减慢，且振荡周期与暗热的缓慢波动等时，这使分子对我们实验研究的辐射的吸收更有效率。

我的结论是，仅周期一致不足以导致高辐射和高吸收。此外，分子的构成方式应当为乙醚提供支撑点。请允许我简要解释得出这一结论的原因。通过接触，热量很快传递给石盐。然而，一旦温度上升，石盐板需要非常长的时间冷却。

当我发现这一点时，我感到非常惊讶，但是巴尔福尔·史都华先生的实验已经对这种效应进行了解释。他证明了石盐的辐射率非常低。在这种情况下，由于乙醚接受并传递任何周期中的运动，周期性不产生任何影响。石盐比明矾冷却时间更长，这一事实仅证明石盐分子进入乙醚时相对无阻力，因而继续运动的时间更长。相比之下，明矾分子暴露于乙醚中的表面积很大，很快向其传递了我们称为"热量"的运动。显而易见，石盐分子所拥有的这种进入静止乙醚的能力可以使振荡乙醚环绕在其周围。我无法想象某种周期上的巧合能够为此气体赋予高吸收率。

我认为，很多化学家倾向于否认原子作用，而仅赞同相等比例的理论。他们将化合行为视作两种物质的互相渗透。然而，这只能掩盖根本现象。原子理论的价值在于，此理论为等量定律提供物理学上的解释：假设一个，另一个随之而来；假设化合行为与道尔顿所想象的相同，我们看到，这与乙醚完全独立的设想吻合，并使我们将辐射和吸收现象等同于最简单的机械原理。

我坚信，类似推论也适用于传导现象。在 1853 年 8 月的《哲学杂志》（*Philosophical Magazine*）中，我曾描述了一个用来研究木块和其他物质导热性的仪器。在我使用此仪器进行的研究中，我还准备了各种水晶方块，并确定了它们的导热性。除了一个例外情况，我发现导热性随其透热性的增大而逐渐增强。例外情况是，一个完美无瑕的白水晶方块的导热性稍稍高于我的石盐块。然而，石盐的导热性非常强；实际上，在我的热传导实验中，石盐、方解石、玻璃、透石膏和明矾的顺序与梅洛尼的透热实验相同。我已经阐述了一些推论，这些推论表明石盐分子轻而易举地进入乙醚；但是，这些分子运动自如，这可能促使其相互碰撞。分子的热量并未在处于其间的乙醚中被消耗，也未传递到外部乙醚。在很大程度上，热量直接在微粒之间传递，或换言之，不受任何约束地传导。相反，当一个明矾分子靠近邻近分子时，在乙醚中导致涌浪式的波动。其中一部分波动并未传递到分子，而是传递给空间中的乙醚。从热传导的角度来讲，此部分热量丧失了。这种外侧的热量流失使热量无法深深地渗透进明矾。因此，我们将此种物质定义为性能差的导体。①

若未研究与此类似的导电问题，我可能无法得出这些推论；然而，这些研究已经相当深入，我遵从那些有能力者的判断，以决定它们是否为单纯的想象，抑或是公认原理的合理应用。

---

① 在这些关于热传导的推论中，我仅阐述了两种化合物；当然，关于接受乙醚运动和向乙醚传递运动的能力，基本原子之间也存在差异。比如，我们可以推论，铂金原子在进入乙醚时，比银原子遇到的阻力更大。某种物质的物理质地很显然也产生巨大影响。

我应当强调，本论文仅包含此类研究的第一部分。

图 2 是用于热量吸收实验的整套仪器。

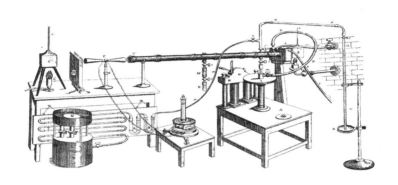

图 2　热量吸收实验装置

论穿透地球大气层的辐射

约翰·丁达尔

皇家学会自然哲学教授 [1]

载《伦敦、爱丁堡与都柏林哲学杂志与科学期刊》第25卷，系列4，1863年1月—6月

原题目：On Radiation through the Earth's Atmosphere，由修道院院长穆瓦尼奥先生 (M.l'abbé Moigno) 将论文部分译为法文，节选自约翰·丁达尔著作，《热量：运动方式》(*La chaleur, mode de mouvement*)，法文第二版，巴黎：Gauthier–Villars，1874年。由贝内迪克特·布鲁雷与史蒂芬·赫尔勒补译。

在本文中，约翰·丁达尔 (1820—1893) 继续阐述其在1861年文章中提出的理论（见本书第111—159页）。根据这一理论，大气层中水蒸气和二氧化碳的任何变化均导致气候变化。秉着推广此理论的意愿，丁达尔进一步简化温室的现

---

① 根据1863年1月23日《皇家学会会议记录》出版的论文。

象，并将其比作"被子"，以指出大气层对地球温度产生的影响："水蒸气是被子，它对于英国的植物而言，比衣服对于人类更加必不可少。"

从未有人设想出完全符合欧几里得定义的线："只有长度而没有宽度"。这一想法起源于实际存在的线。这种线由钢笔或铅笔所绘制，因而具有一定的宽度。我们恰是在通过抽象法对线进行设想后，才接近了它的定义。物理现象也是如此。我们通过可见的事实对不可见的事实进行构想，并将这些构想反复推敲。此外，构想的明确性对阐释物理现象最有助益，有时甚至需要通过牺牲精密性而获得。对于难以理解且导致重要现象的事实，如果无法对其进行准确的构思，致力于物理学研究的学者也无法感到完全满意。

当谈论穿透大气层的辐射时，我们应当从物理学的角度准确理解大气层和辐射的概念。众所周知，大气层几乎完全由氧气和氮气构成。我们可以将基本的原子视为彼此非常接近的球体，并在围绕地球表面的空间中普遍存在；它们构成大气层成分的近 99.5%。[1] 除原子以外，还有其他与之截然不

① 实际上，氧气和氮气仅构成大气层成分的99%。此外，大气层还含有 0.9% 的氩气；然而，直到 1894 年，约翰·瑞利（John Rayleigh）和威廉姆·拉姆塞（William Ramsay）才发现了氩气。（编者注）

同的物质：我们还会发现二氧化碳、氨气和水蒸气的分子，或者说原子群。在这些物质中，多个原子组合起来，形成小型的原子系统。比如，水蒸气的分子由两个氢气原子及一个氧气原子构成；三原子结合后，再与构成大气层主要成分的氧气和氮气的简单微粒[①]混合在一起。

这些分子和原子是以何种方式彼此区分？其实，它们彼此分隔，就像同一个鱼群中的每一条鱼均独立存在。鱼群处于同一种介质中，此介质将不同成员联系在一起，并使其能够彼此交流。我们的原子也由同一种介质所包围；在大气层中，还存在另一种更为微妙的环境，在此环境中，氧气原子和氮气原子呈颗粒状悬空。这个更为微妙的环境不仅集合了所有原子，也将星体汇聚在一起；太阳和其他星体的光如同乐声，在此星际空间中传播。如果我们能够清晰地理解这一情景，我们的研究将向前迈出一大步。我们应当设想，原子不仅悬在空中，而且在此介质中振动；我们所称的"热量"即为原子的运动。洛克（Locke）曾经正确指出："对于我们而言，热量仅存在于运动的发热物体中。"我们可以设想，此

[①] 在此，"微粒"一词并不恰当。作者本应使用"分子"；穆瓦尼奥先生在约翰·丁达尔的《热量：运动方式》一书的译序中，谦逊地批评了这位赫赫有名的作者对"微粒""分子"及"原子"等术语的使用不准确。（编者注）

运动被传递至原子发生振动的介质中，呈波纹状扩散，直至空间边缘，且扩散的速度超乎想象。以此形式发生的运动不受普通物质的约束，但是它在星际空间中扩散，并被称为"热辐射"；当它作用于视神经时，我们将其称为"光"。

我们所称的水蒸气为不可见气体。让我们用力使来自小锅炉的一股蒸汽气流从实验管的一端横向喷射而出。我们得到了一团蒸汽云，可以通过电灯为其赋予亮度。然而，我们看到的并不是蒸汽，而是蒸汽凝结成的水。在气流的可见范围以外，蒸汽云分解为真正的蒸汽。如果在气流下方的不同地点放一盏电灯，我们可以清楚地看到蒸汽云在放置电灯的位置被切断。如果将电灯放在出口处，蒸汽云就会完全消失。电灯的热量阻止了蒸汽的沉淀。此蒸汽仍然可以在盛有冷却混合液的容器表面凝结，并凝固成很多小块，足以形成一个小雪球。此外，如果我们使电灯的光线穿透位于空气泵下方的一个大容器，空气泵只需运转一下，就能够导致水蒸气的沉淀，而且光线的经过还将使水蒸气的亮度大大提高。在后面放置一个隔热屏，我们将看到容器中的小蒸汽云内部由于衍射作用产生了一个色彩丰富的光晕。

地球发出的热波穿透大气层，在空间中扩散。在穿透大气层的过程中，热波遇到氧气原子和氮气原子以及水蒸气分子。由于这些分子非常稀疏，我们犹豫是否将它们视为阻止热波的障碍。我们倾向于承认，在水蒸气分子之间有起伏的热波经过。如果热波受到拦截，应当是被构成大气层 99.5% 的物质所阻挡。然而，我在三四年前发现，空气中存在的少量水蒸气阻挡的热量为在空气中扩散的全部热量的 15 倍。不久后，我又发现实验中使用的干燥空气并不完全纯净。而且，空气越是接近绝对纯净的状态，其效应就越接近真空，相比之下，水蒸气的作用也就越大。我发现，水蒸气吸收的能量是空气的 30 倍、40 倍、50 倍、60 倍和 70 倍。毫无疑问，在我发表演讲时，皇家学会会议厅空气中的水蒸气吸收的热辐射为全部空气的 90 或 100 倍。如果单独研究原子，在 200 个氧气原子和氮气原子中，仅有 1 个水蒸气原子。这个原子是其他 200 个原子吸收率的 80 倍。因此，通过比较氧气原子或氮气原子与水蒸气原子的作用，我们得出结论：后者的作用为前者的 16000 倍。这一结果非常令人惊讶，而且很显然将遭到反对，由于它引起严重的后果，明智的学者不愿在尚未进行认真验证的情况下接受此结果。由于反对观点充实了相关研究，一项名副其实的大发现即将出现，正如积极的生活会引起有益的对立，而一个人的性格将因此变得更加坚强。有人说，乍看之下，此结果不可能成立。此外，即使不将此巨大效应归咎于水蒸气的作用，还有很多方式可以解释这一现象。比如，在一个圆柱体中开展实验，此圆柱体中盛有空气，两端由石盐板封闭，选择此材料的原因是热辐射可以将其穿透。石盐板还可以吸湿；它能够吸收大气层中的湿气。

因此，石盐板表面很容易形成一层盐水。众所周知，热辐射非常难以穿透盐水。我通过一个管子对抛光的石盐板快速地吹一口气，用一盏电灯照亮石盐板，以便透镜可以在屏幕上投射出放大的石盐板图像；我们立刻看到，屏幕上出现了鲜艳的彩虹色薄片——石盐板上附着的水汽薄膜导致了这些薄片的形成。已证实，此薄膜是在非干燥空气进入圆柱体时形成的；因此，我们已经测量的是这层盐水的吸收量，而非水蒸气的吸收量。

有两种方法可以驳斥这一反对观点。首先，即便是以最严谨的方式进行观察，石盐板也未呈现出具有任何水汽薄膜的痕迹。其次，即使将石盐板彻底取下，将圆柱体两端打开，我们还会得到相同的实验结果。

我猜想，所测得的效应是由于伦敦空气中存在杂质。空气中悬浮的碳微粒是导致其吸收热辐射的原因。我从海德公园、汉普斯特德荒野①、樱草花山②、叶森马场③、怀特岛上纽波

---

① 汉普斯特德荒野是位于伦敦的大型公园，历史悠久。此地黏土带上的沙丘为伦敦最高点。（译者注）

② 樱草花山是位于伦敦的山丘，可以在此俯瞰东南侧的伦敦市中心。（译者注）

③ 叶森马场位于英格兰东南部的萨里郡埃普索姆镇。（译者注）

156 特附近的田地、圣凯瑟琳山①以及布莱克冈山谷附近的海滩②收集空气，对异议进行反驳。来自以上地点的空气中所含有的水蒸气阻挡的热辐射至少为空气吸收量的 70 倍。使用充满烟雾的空气开展的实验显示，即使东风将市区的雾吹向西部，伦敦西部空气中悬浮的烟雾的吸收率也低于空气中弥漫的透明且不可触知的水蒸气。

热辐射穿透盛有空气的圆柱体，其内表面已抛光，落在此表面的辐射被反射到测量辐射的电热电池上。有人提出如下反对观点："您使湿润空气进入圆柱体，部分湿润空气以液体薄膜的形式凝结在实验管的内表面上，其反射率下降。因此，落在电池上的热量减少，您错误地为水蒸气的吸收赋予一种效应，而实际上，此效应是由圆柱体内部表面反射性减弱所导致。"

然而，水蒸气为何会凝结在实验管的内表面？实验管内部比外部空气的温度更高，热辐射落在了内表面上。在这些情况下，不可能出现水蒸气凝结的现象。此外，假设 5 立方英寸的非干燥空气进入实验管，即实验管最大容量的 1/6。我们应料想到吸收率与 5 立方英寸成正比。当实验管盛有 5 立方英寸的空气时，即使是地球表面最干燥地方，在气候最干

① 位于怀特岛南方。（译者注）
② 位于怀特岛南海岸上。（译者注）

燥的那天，干燥程度也无法与我们实验中的圆柱体内空气相比。取压力为 10、15、20、25 和 30 立方英寸的空气，我们获得的吸收率将与空气中含有的蒸汽量成严格正比关系。所观测到的效应由凝结作用所导致，这几乎是不可能的。为消除所有人的疑虑，我们不仅取出两块石盐板，也取出了圆柱体。管内的湿润空气由干燥空气所取代，而外围的干燥空气变为湿润空气。在此种情况下，也正如在其他情况下一样，水蒸气的吸收作用均非常显著。

至于水蒸气对暗热辐射的吸收作用，应当毫无疑问。特别是地球在太阳的作用下升温后，发出这些辐射。十分肯定的是，在英国土地上发出的地面辐射中，超过 10% 在距离地表不到 10 英尺处遭到阻挡。仅这一事实就足以说明，近来发现的水蒸气所具备的此种属性可能对气候现象产生的巨大影响。

水蒸气是被子，它对于英国的植物而言，比衣服对于人类更加必不可少。仅在一夜的时间内，将围绕我们国家的空气中所含的水蒸气全部去除，严寒必将摧毁所有植物。我们的田地和花园中的热量将向空间中无限地扩散。当太阳重新升起时，它将发现我们的国土受到了严寒的侵袭。水蒸气是闸门，储存地表的温度。然而，热量最终超过了闸门的限度，空间吸收了我们从太阳所接受的一切热量。

在赤道地区，太阳使海洋的蒸汽升起。这些蒸汽不断上升，但是在某段时间内，一层蒸汽构成的隔热屏在其上方延展开来。随着水蒸气的上升，它们越来越接近澄清的空间。由于这些水蒸气非常轻盈，它们何时穿透了位于地球表面附近由蒸汽构成的隔热屏？这种情况会发生吗？

正如上文所述，通过对比不同的原子，我们得知一个水蒸气原子的吸收率为空气的16000倍。因此，一个水蒸气原子发出的辐射能为空气原子的16000倍。想象这一强大的辐射体存在于空间中，上方没有任何隔热屏能够阻挡其辐射。它的热量在空间中扩散，它温度下降并凝结。赤道地区的倾盆大雨就是这种效应的后果。空气的膨胀可能降低了蒸汽的温度；然而，对于倾盆大雨而言，单纯由辐射导致的蒸汽温度下降应当发挥了主要作用。雨水来自于海洋散发的蒸汽，它回到海洋时转化为水。蒸汽转变为液体所释放的大量热量会发生什么变化？这些热量中的大部分有可能由于辐射向空间中扩散而流失了。类似推论适用于我们所在纬度形成的积云。热空气中充满蒸汽，不断上升，形成气柱，并穿透将地球包围且由蒸汽构成的隔热屏。它们存在于空间中，每个气柱的顶点均发出热辐射，而蒸汽通过凝结作用，形成了不可见气柱的可见柱头。

通过思考水蒸气吸收和辐射属性，我们还能为很多其他气候现象找到解释。在太阳光不充足的时候，正是由于此隔热屏不存在而导致大量热量的流失，高山地区才会如此寒冷。

中亚地区没有此隔热屏，这使那里的冬天几乎无法令人忍受。在撒哈拉地区，空气非常干燥，有时夜间的寒冷令人非常痛苦，而在昼间，"地面为火炉，风为火焰"。同样，由于没有起到缓和作用的因素，澳大利亚的温差非常大。此外，光线充足的日子和气候干燥的日子截然不同。在大气层充满水蒸气的情况下，它也可以在视觉上非常透明。在这种情况下，地球辐射不会导致温度的大幅下降。约翰·莱斯利先生和其他学者曾对其仪器在亮度相等的日子里指示内容不同而感到困惑。然而，所有这些反常的情况均可由新发现的、透明水蒸气的这一属性来解释。此属性阻止了地球热量的流失，在不显著改变空气透明度的情况下，若此属性不存在，就可能开启一扇大门，而地球热量将从这扇大门向无穷无尽的空间流失。

论不同地质时期气候变化的物理原因

詹姆斯·克罗尔

载《伦敦、爱丁堡与都柏林哲学杂志与科学期刊》

第 28 卷，系列 4，1864 年 8 月

原题目：On the Physical Cause of the Change of Climate during Geological Epochs，法文版译者为贝内迪克特·布鲁雷与史蒂芬·赫尔勒。

詹姆斯·克罗尔（1821—1890）是一位苏格兰物理学家，是气候变化天文学原理的主要捍卫者。在他的文章《论不同地质时期气候变化的物理原因》中，克罗尔阐释了以下观点：地质气候变化的主要原因是岁差和地球轨道偏心率的变化。克罗尔的天文学理论与约翰·丁达尔的气候理论相对立，在当时引起很大争议，并最终遭到其他科学家的摈弃。直到米卢廷·米兰科维奇(Milutin Milankovic)于 20 世纪 20 年代发表研究后，科学家才意识到这些先驱者探讨的两种效应对解释冰川周期必不可少。克罗尔的天文学理论在科学史上具有象征性意义：在某个时期被摈弃的理论可能重新涌现出来，以支持一个新假设。

重要的气候变化是地质学领域最显而易见的事实。至少在北方地区，在地球的过去各历史时期中，均发生过重要的气候变化。尽管地质学家普遍认同气候变化的存在，但是对于其原因及来源各执一词。这些变化种类多样，具有极端性的特点，古老植物和动物留下的痕迹就是见证。因此，我们很难为气候变化找到恰当的原因。

最困难的莫过于解释冰川时期的极度寒冷以及石炭纪的炎热气候。

我们将阐明一个可能成立的原因，而很多地质学家似乎忽略了这一点。在进行阐述之前，我们将首先简要地提及为解释这些变化而提出的一些最知名的理论。

在一段时期内，地质学家用地球内部热量来解释志留纪、石炭纪以及古生代其他时期的炎热气候。但是，威廉姆·汤姆森教授[1]（William Thomson）已证明，从地表固化以来的一万多年间，地球的总体气候不可能受到内部热量的显著影响，此外，霍普金斯先生认为[2]：目前，内部热量对地表平均

---

① 参见《哲学杂志》，1863 年 1 月刊。

② 参见《地质学会期刊》（*Journal of the Geological Society*），第八卷。

温度的影响仅为 1/20℃。威廉姆·汤姆森教授基于更准确的数据进行了计算，他最近确定此效应仅为 1/75℃。[①] 然而，菲利普斯教授（Phillips）一直认为，以往时期的炎热气候可能是由于地球的内部热量。他并不质疑汤姆森、傅里叶、普阿松和其他学者计算的准确性，但是认为这些学者没有考虑到地球大气层的热传导能力，目前大气层的状态可能与过去不同。他解释道："包围地球的大气层缓和了太阳热量和星体辐射，就如同蒸汽汽缸的保护层，能够阻止其内部热量的过度流失。"[②] 的确，正如菲利普斯教授所提出的，地球大气层热传导能力的下降或其厚度的增加可能加大内部热量对气候的影响。然而，鉴于大气层目前的状态，在地表固化开始以来的一万年间，内部热量再也无法对气候产生显著的影响。未来某一天，内部热量使大气层的状态与当前状态截然不同，并使地球持续保持高温，这一预见似乎是极不可能的。有些学者认为，地球在漫长的古生代时期中可能一直处于高温的状态。此外，这种解释忽略了一项重要的事实，任何阻止地球内部热量向周围空间扩散的大气层状态的变化，比如大气层中水蒸气含量的增加，都可能降低从外部抵达地表的热辐射

---

① 参见 1864 年 3 月 21 日《爱丁堡皇家学会会议记录》（*Proceedings of the Royal Society of Edinburgh*）。

② 参见 1860 年 9 月 22 日 Athenæum 期刊。

量，并同时降低地表温度。在某种程度上，这种情况可能使夏季和冬季的极端温度趋于均衡，但是不会显著提高气候的年平均温度。实际发生的情况甚至可能与这一趋势相反。

一些科学家尝试假设位于赤道与两极地区之间的地球表面上某一地点形成了大型山脉，可能导致地球自转轴改变方向。他们通过此假设来解释气候变化。然而，艾里教授（Airy）[①]和其他多位学者已证明，地球的赤道地区有隆起，这使地球表面的地质变化永远无法在很大程度上改变自转轴的方向，以至于对气候产生某种效应。普阿松等其他学者还试图假设地球可能在过去的各地质时期中，经过了空间中的一些炎热和寒冷区域。此假设无法令人满意。毋庸置疑，穿透空间不同区域的热量存在差异；但是，空间本身并不是一种温度或高或低的物质。如果接受此假设，我们还应当假设地球在其炎热时期，距离除太阳以外的另一个强大的热源和光源不远。此热源和光源邻近地球，且质量应当足够大，以至于能够对地球气候产生某种影响。然而，由于重力原因，它可能使太阳系的机制发生巨大变化。因此，如果太阳系确实在某一历史时期接近质量如此大的物体，如今各行星的轨道均应当显示出一些迹象。此外，为解释如同冰川时期一样寒

[①] 参见霍普金斯先生对此理论的观点，《地质学会期刊》，第八卷。

冷的时期，我们应假设地球曾接近某一寒冷星体。但没有任
何天文学研究能够捍卫这一假设 [1]。

最近，弗兰克兰教授（Pr Frankland）[2] 提出了一种理论，
该理论在地球各历史时期发生的气候变化与内部热量对海洋
和陆地影响的变化之间建立了联系。他认为，如果海洋地壳
暴露于空气中，其冷却速度与实际不同。因此，地球表面浮
出海面后，在达到当前平均温度以后的很长时间内，均保持
相对较高的温度。由于热量从海底到海面的输送并不是通过
热传导，而是通过对流，即海底温度高的海水层上升至海面，
海洋温度可能比地球表面的平均温度高。弗兰克兰的结论是，
这种情况可以为冰川时期提供令人满意的解释。他解释道，
"冰川时期诸多现象的唯一原因就是当时的海洋温度比现在
高"。他指出，较高的海洋温度可能导致更大的降雨量。这使
冬季的积雪增加，夏季的炎热气候也无法将其完全融化。由
于蒸发作用，夏季的天空阴云密布，阻挡了太阳辐射，因而
可能导致夏季温度的下降。

尽管我们认为弗兰克兰教授的推理从总体上是正确的，

---

① 参见 1864 年 5 月《哲学杂志》。

② 史密斯·德-乔丹-希尔先生（M. Smith de Jordan Hill）首先指出了
这一重要事实，并于 1839 年初向维也纳学会进行了报告。参见其《论
文全集》（ Collected Papers ），由约翰·格雷（John Gray）于格拉斯哥出版。

但是恐怕此推理无法完全符合地质现象。尚无研究支持海洋在冰川时期比现在温度高的结论。相反，有地质迹象让我们断言，当时的海洋温度比现在更低。比如，对此时期海底沉积物中保存的动物的研究显示，这些动物有北极动物的特征，这表明此时期海洋的温度很低。再比如，这些沉积层显示，在此时期，围绕英国的海洋中生活着大量种类繁多的贝壳类动物，而这些动物如今仅存在于纬度较高的地区。①

仅在苏格兰的冰川沉积中，我们就发现了海螂属、扇贝属等物种，这些物种具有北极动物的特征，在如今的英国海洋中已经灭绝。在冰川时期，如海神蛤属、橄榄胡桃蛤等大量北极贝壳类动物曾生活在英国的海洋中，但是目前正从寒冷的海底深处消失，去寻找更适合它们天性的温度。②

我们承认，正如冰川时期所发生的情况一样，海洋温度

---

① 参见一篇重要的论文：Archibald Geikie, "On the Glacial Drift of Scotland"（《关于苏格兰的冰川漂移》），F.R.S.E., F.G.S. John Gray, Glasgow, 1863；还可参见 Edward Forbes, "On the Connexion between the Distribution of the existing Fauna and Flora of the British Isles, and the Geological Changes which have affected their area during the period of the Northern Drift"（《英国岛屿现存植物与动物的分布与北部漂移时期影响其分布的地质变化》，Memoirs of the Geological Survey, vol. i）.

② 参见凯恩博士（Dr Kane），《第二次征途》（Second Expedition），第一卷，第十八章。

升高和陆地温度降低可能导致积雪和冰块的增加。假设冰川时期的海洋温度比现在高，如果地质事实和物理学原理均支持此假设，我们当然认为海洋的热量至少是冰川时期形成的一个原因。然而，如果我们将其设想为相反假设所导致的后果——实际上，冰川时期的海洋比现在寒冷，而且此假设更符合地质事实，我们倾向于使用另一种原因来解释冰川时期的严寒，而不是海洋温度高。对于与英国同纬度的陆地和海洋，其平均温度的下降可能导致相同的效应，这对所有意识到气候变化的人均显而易见，因为目前在年平均温度高于华氏零度（约为 -18℃）、但与之相差无几的地区，一些冰川的体积不小于冰川时期覆盖英国山谷的冰川。如今，一些冰川的宽度为 50 多英里（即超过 80 千米），厚度为 2000 英尺（约为 600 米），一直延伸到格陵兰岛北部寒冷且表面结冰的海洋。[1] 目前状态下的格陵兰岛很可能与英国在冰川时期的情况非常相似。

近来，拉姆齐教授（Pr Ramsay）和其他多位学者在这些地区收集了一些早古生代冰期的迹象，这些迹象非常具有说服力。然而，冰川在如此古老的时期就存在，这无疑与弗兰克兰教授的理论以及基于内部热量原理的所有理论相违背。

---

① 《哲学杂志》，1864 年 5 月刊。

弗兰克兰教授以下述方式对二叠纪冰川进行解释：

"我已经提出，永久性积雪首先覆盖高山山顶，然后缓慢下降，最终逐渐到达海平面。但应当注意的是，整个冰期前时期的降雨量比冰川时期更大，而且当时的冰川海拔远高于现在，因此它们必定形成于比雪线海拔更高的任何地区。"[1]

然而，高山山坡上的冰川无法解释二叠纪角砾岩的存在。这些角砾岩提供了具有决定性的迹象。过去，英国的高山上不仅覆盖着永久性积雪，还应当有冰川，且冰川一直延伸到海洋，并在海洋中碎成块，形成了冰山，就像我们如今在格陵兰观察到的一样。我们无法用比拉姆齐教授的措辞更好的方式进行表述。

"这些角砾岩主要由冰碛中的物质构成，冰山将这些物质带走，并使它们散落在二叠纪的海洋中……因此，正如我们所见，这些角砾岩非常有规律地在大片水域中沉积。河流不可能像形成某些砾岩一样将这些石头倾倒在海中，这些砾岩形成于山脉接近沿海地带的陡峭海岸。原因有两点：首先，这些碎块几乎全部来自于长马山（Longmynd），如果此地区当时沿海，它们无法被河流搬运 30—50 英里（约为 48.28—80.47 千

---

[1] 参见《地球的前世今生》（*The Past and Present Life of the Globe*），作者为大卫·佩奇（David Page），F.G.S.，第 91 页；《高级教材》（*Advanced Text-Book*），第 132 页。

米）的距离，而且由于其大小各异，这些碎块也无法不加区分地散落在海底；其次，如果河流从长马山流经一个地势较低的地区后注入大海，并且搬运着大小各异的石块和岩石，这些石块和岩石可能在搬运至海洋的过程中被磨去了棱角，正如河流中被长距离搬运的砂砾，而实际上，很多碎石都较扁平，如同鹅卵石，大部分的棱角均尚未磨平。"[1]

如果我们接受这一理论——内部热量的影响逐渐减弱导致地球气候在过去的历史时期中逐渐冷却，那么对于二叠纪冰川和冰山紧接着炎热的石炭纪而来这一事实，我们该如何解释它们的存在？

如果追溯到比石炭纪更久远的时期，直到泥盆纪古老红色砂岩形成之初，我们会再次发现冰川作用的痕迹。[2]

阿加西斯（Agassiz）在很久以前提出，气候在过去的时期中受到气温下降和上升的影响，这伴随着大量生命形式的灭绝和创造。如今，地质学研究似乎支持此种猜测。佩奇先生解释道："于是，在观察到北半球寒武纪的地层、其中的尖砾石和砾岩以及化石与其他显著要素的匮乏后，我们立即想到冰的作用，也想到当时的气候条件并不温和。"

"气候舒适且植被茂盛的志留纪时期继寒武纪而至，志留

---

[1]《地球的前世今生》，第 190 页。

[2]《地质学会期刊》，第八卷。

纪地层在相同的地点取代了之前的地层。而后，石炭纪时期到来，古老红色砂岩形成。在古老红色砂岩中，砾石和砾岩以及植物的匮乏显示更加寒冷的气候重新影响了地球。然后是植物和动物均非常繁盛的石炭纪，紧接着是生命形式脆弱的二叠纪和此时期的砾石和砾岩。之后，北半球的三叠纪和鱼卵石中的生命形式再次显示炎热和温和的气候条件，而随后取代它们的石灰岩包含受水侵蚀的花岗岩和褐煤，这说明受到北极影响的海洋中存在冰川沉积。继而，第三纪的早期沉积物出现在相同的地点，其中的植物和动物显示炎热和温和的气候。此后，我们熟知的冰川时期到来了。最后，晚第三纪或当前时期对地球的影响较温和。"[1]

地质学家不愿承认地球在过去的历史时期中存在寒冷时期的首要原因是他们中的一些人仍然认为由于内部热量的影响，地球气候过去的温度比现在高，而之后，内部热量的减少导致气温逐渐下降。但是，我们已经看到，这种观念是错误的。如果地球气候过去更温暖，且现在不再温暖，应当在别处寻找原因。

一些地质学家认为海洋与露出水面的陆地的分布存在差异，并试图通过此差异来解释气候变化。比如，他们假设冰

---

[1]《地球的前世今生》，第 190 页。

170   川时期的寒冷气候可能是由于当时不存在墨西哥湾暖流所导致。霍普金斯先生计算得出，如果墨西哥湾暖流不存在，苏格兰北部地区在一月的平均气温将下降 24 ℉（约为 -4.44℃），然而它对伦敦或西欧较南部地区七月的气温不构成显著影响①，见表 1。

表 1   不同地区的温度

地区	温度（℉）	温度（℃）
冰岛	18	-7.8
苏格兰北部	12.25	-11
斯诺登山（威尔士）	7.5	-13.6
阿尔卑斯山	3	-16.1

如果过去曾存在冰川的迹象仅限于欧洲西部地区，墨西哥湾暖流的消失可以在很大程度上解释冰川时期的各种现象。然而，我们知道，欧洲和北美北部的大部分地区均有结冰现象。比如，墨西哥湾暖流的消失很明显无法使北美的温度大幅度降低。同理，众所周知，阿尔卑斯山曾存在大规模的冰川。阿尔卑斯山年平均气温下降 3 ℉（约 -16.1℃）这一现象也不可能为此提供令人满意的解释。

查尔斯·莱尔爵士（Sir Charles Lyell）提出，如果所有

①《地质学会期刊》，第八卷。

露出水面的陆地均集中在两极地区，且海洋占据了赤道地区，气温可能出现大幅下降，此降幅足以为冰川时期提供解释。另外，如果发生截然相反的情况，即露出水面的陆地均集中在赤道地区，海洋覆盖了两极地区，这可能导致地球温度与石炭纪时期的温度类似。菲利普斯教授认为，如果所有陆地均分布在两极地区，地球温度可能出现下降；但是应当注意的是，此假设并不符合已观察到的、关于冰川沉积物的事实。这些事实显示，深海覆盖着目前极圈地带的很大一部分地区。对于露出水面的陆地集中于赤道地区能够导致地球温度的显著上升，菲利普斯教授似乎非常怀疑。他提出，温度上升可能是由于陆地分裂为大量的岛屿，这些岛屿海拔较低，分散在全球各地，由面积广阔的水域将它们分隔。可是，他并未提出任何证明地球的陆地与海洋在气候炎热时期如此分布的地质迹象。显而易见，如果地球经历的重大气候变化是由陆地与海洋分布的变化所导致，应当假设地球表面发生了最夸张且最不可能的大规模变动。我们还可以对所有已知的此类假设提出另一个反对观点，即这些假设均不符合寒冷与炎热周期规律交替的看法。

根据寒冷与炎热时期的反复出现，我们能够立即假设存在一条重要、永恒且持续产生作用的宇宙法则。

我们已经提及了两种假设。第一种假设认为我们的地球可能曾穿过空间中较炎热与较寒冷的区域，第二种假设提出地球的自转轴可能改变了方向。我们已证明这些假设不成立，而且也没有已知的物理学原理作为依据。我们应当在地球与太阳的关系中寻找真正的天文学原因。

有两种现象影响地球相对于太阳的位置，它们可能对地球气候产生非常重要的影响：岁差和地球轨道偏心率的变化。如果分析这两种现象结合在一起所产生的效应，我们将看到地球北极和南极地区的气候发生了长期且极其缓慢的变化，此变化表现为炎热时期和寒冷时期的周期性更替。

约翰·赫歇尔爵士（Sir John Herschel）在 1830 年于地质学学会宣读的一篇论文[1]中强调，地球轨道偏心率的变化可能在不同地质时期导致气候变化。然而，由于缺少足够可靠的计算导致无法确定偏心率的上限，赫歇尔未能获得关于这一问题的具体结果。的确，拉格朗日（Lagrange）也研究过此问题，并得到了一些后来被证实基本正确的结果。然而，由于这位几何学家为较小行星的质量赋予了严重错误的数值，我们无法充分信任并接受他的研究结果。

赫歇尔未能将某些严重影响气候的条件纳入考虑范围。在此情况下，他似乎得出结论：地球的总体气候不可能受到其轨道偏心率变化的重要影响。可能正是出于此原因，地质

---

[1]《地质学会会刊》，系列二，第三卷，第 295 页。

学家普遍认为过去时期的气候变化不可能由地球轨道偏心率的变化所导致，并且对此未提出过任何质疑。

此后，勒维耶（Le Verrier）先生确定了偏心率的上限和下限。气候变化研究在何种程度上取决于这种现象，具有重要意义。

根据勒维耶的计算，地球偏心率的上限为 0.07775，下限为 0.003314。偏心率的数值正在下降，并且在从 1800 年以后的 23980 年间都将继续下降。[①]

地球轨道偏心率的变化可能通过两种方式影响气候：第一，升高或降低从太阳接受的年平均热量；第二，升高或降低夏季与冬季气温之间的差异。

让我们首先思考第一种可能性。地球公转一周所接受的太阳总热量与短轴的长度成反比。

短轴长度与最大偏心率和最小偏心率的比为 997 ∶ 1000。如此微小的差异无法对气候产生显著影响。因此，我们寻找的原因应当在于第二种可能性。

当地球在其轨道的远日点时，偏心率达到最大值，太阳与地球的距离至少为 102256873 英里，约 1.65 亿千米；当地球在近日点时，太阳与地球的距离仅为 87503039 英里，约 1.4

①《认识时间》（*Connaissance des Temps*）期刊，1843 年。

亿千米。在第一种情况下，地球与太阳的距离比第二种情况更远，相差 14753834 英里，约 2374 万千米。

由于从太阳直接接受的热量与距离的平方成反比，地球在此两点上接受的热量之比为 19 : 26。根据汉森（Hansen）确定的目前地球轨道偏心率的数值，地球在冬季最接近太阳时，与太阳的距离为 93286707 英里，约 1.5 亿千米。现在，根据岁差，假设地球在远日点时北半球为冬季，此时轨道偏心率为最大值；在冬季，地球与太阳的距离比现在远 8970166 英里，约 1443 万千米。因此，冬季直接来自太阳的热量可能比当前水平低 1/5，夏季则比当前水平高 1/5。冬季和夏季所接受热量的差异比现在高 2/5。这一巨大的差异可能对气候产生重要影响。然而，如果地球在近日点时北半球为冬季，地球在冬季与太阳的距离比夏季近 14753834 英里，约 2374 万千米。与英国同纬度的地区，夏季和冬季的温差可能降为零。可是，由于一个半球的冬季对应另一个半球的夏季，当一个半球在经历夏季的极端炎热天气和冬季的极端寒冷天气时，另一个半球可能一直为春天。

的确，撇开地球轨道偏心率不谈，南北半球每年接受的热量也相等，因为地球接近太阳时移动得更快，热量达到平衡。无论轨道偏心率如何变化，地球在春分与秋分之间从太阳接受的总热量与冬夏半年所接受的总热量相等。比如，由于更接近太阳，南半球可接受附加热量。与此同时，此季节的持续时间更短，所有的附加热量均被抵消。同理，目前在北半球夏季半年期间，由于地球与太阳距离远而导致热量不足等所有可能影响温度的因素均得到了补偿，因为此季节相应地变长了。

但是，地球表面的温度既取决于向空间扩散的热辐射，也取决于从太阳接受的热辐射。我们注意到，上述的热量平衡原则仅适用于直接从太阳接受的热量。至于通过辐射流失的热量，情况截然相反。比如，南半球在冬季不仅由于与太阳距离远而更加寒冷，而且更加漫长。此外，正如上文所述，接近太阳无法使接受的总热量增加，在夏季半年通过热辐射不断流失的热量无法由此而得到补偿。同理，北半球在冬季不仅由于接近太阳而比南半球更温暖，也更短暂。因此，北半球失去的热量与南半球不相等。在其他因素相等的情况下，冬季半年的平均气温与太阳热量的强度一样，也发生变化，并且和与太阳距离的平方成反比。然而，正如我们现今所观察到的，气候变化并非在很大程度上取决于这种对冬季平均气温的影响。

石炭纪时期的气候

地质学家和植物学家普遍承认，石炭纪时期的植物显示当时的气候并不炎热，而是潮湿、稳定且温和。查尔斯·莱尔爵士指出："从总体上来讲，石炭纪的植物显示当时的气候

176　情况与目前的赤道地区不同。关于此事实，人们似乎日益达成共识。枝状蕨仅分布于新西兰的南部地区，诺福克岛上生长着南洋杉。蕨类和石松的绝对优势表明当时气候有些潮湿、温度稳定且无结冰现象，更确切地说是炎热气候。"①

　　罗伯特·布朗（Robert Brown）先生认为，石炭纪很多植物大量且快速地生长说明，它们生长于温度恒定且温和的泥沼和浅水中。

　　佩奇先生指出："一般而言，我们观察到这些植物类似木贼、石松、沼泽草、芦苇、枝状蕨和松柏。如今，这些植物物种仍然存在。然而，它们在温带和亚热带气候地区达到了最高的发展阶段，而不是在赤道地区。与迄今为止在上石炭纪地层中发现的最高的松柏相比，加利福尼亚的巨杉和诺福克岛的松树更高大。"②

　　与目前相比，石炭纪的特点不仅为蕨类的大量存在，而且不同物种的数量非常繁多。如今，英国的物种数量仅为 50 个左右，而现已辨别出曾有 140 个物种侵占过英国一些开采煤炭且偏僻的地点。此外，洪堡曾指出，蕨科的物种种类并不是在炎热地带最繁多，而是在赤道地区多山、潮湿且绿树成荫的地带。

---

① 《地质学入门》（ *Elementary Geology* ），第 399 页。
② 《地球的前世今生》，第 102 页。

"胡克博士（Dr Hooker）认为，开花植物数量更多可能显示当时的气候比现在更温暖，这些开花植物可能和蕨类一起变成了化石；如果温度更低，与目前四季的平均温度相等，我们的气候就类似更寒冷的地区，而这些地区的特点是蕨类数量不成比例。"[1]

石炭纪时期极其丰富的植物群也表明，其生长的气候不可能为热带气候，由于在此情况下，植物可能被高温分解。泥炭在温带地区很常见，而在回归线地区并不存在。

最有利于保存植物的条件——至少以泥炭的形式——就是凉爽、潮湿和稳定的气候，如现今福克兰群岛的气候。达尔文先生提出："在这些群岛上，几乎所有种类的植物，甚至是将露出水面的陆地全部覆盖的粗壮的草，都会转化为这种物质。"[2]

各种地质迹象能够使我们假设，如果冬季与夏季的温差接近零，且我们有稳定的气候，年平均气温相同，甚至略高于英国的年平均气温，我们的气候可能与石炭纪时期的气候类似。

如上文所述，这符合地球轨道偏心率达到最大值时的气

---

[1]《地质勘查报告》（*Memoirs of the Geological Survey*），第二卷，第二部分，第 404 页。

[2]《小猎犬号航海记》（*Journal of Researches*），第八章。

候特点，此时地球位于远日点，北半球为冬季。正如上文论证的原因，在这种情况下，冬季地球与太阳的距离比夏季地球近 14753834 英里，约 2374 万千米。这一巨大的差异几乎使冬季和夏季的温差完全消失。这可能导致结冰或下雪的现象普遍不存在，或者彻底不存在，进而极可能使年平均温度升高至比如今更高的水平。

冰川时期和其他寒冷时期的气候

在英国，空气中的大部分水分形成了降雨，也有一部分在冬季以雪的形式落在地表，最多几周就会融化。然而，如果冬季温度非常低，现今冬季的降雨很显然可能变成降雪。夏天的高温不一定能够将这些条件下的冬季积雪全部融化，这可能取决于夏季的特征。对于与英国同纬度的地区，在晴朗无云的天气里，夏季的太阳完全能够融化冬季的积雪和结冰。相反，如果浓雾或天空中密布的阴云阻挡太阳光到达地球，夏季的热量可能不足以使冬季所有的积雪和结冰消失，这就必然导致了冰川的形成。我们可能先入为主地认为，夏季的降水充沛，足以融化冬季落在地表的积雪，然而实际情况并非如此。实际上，至少也需要 8 吨温度为 50 ℉（即 10℃）的水才能融化一吨积雪，即使这些积雪即将融化。因此，夏季所有的降雨都不足以使冬季 1/8 以上的积雪融化。[1] 福布斯教授已经确定，挪威夏季的降雨仅融化了 1/5 的冬季积雪。

冰川形成的必要条件可能与导致石炭纪时期的情况相反。因此，冰川形成于冬季，此时地球位于远日点，且偏心率为最大值。

如前文所述，在此种条件下，冬季直接接受的热量可能比目前水平低 1/5。这必然导致冬季的平均温度降低至冰点以下。冬季的低温不仅阻止冰雪融化，还可能增加空气的湿度，导致降雪，而不是现今的降雨。如果冬季从太阳接受的总热量下降 1/5，温度极可能出现大幅下降，以至于使英国附近的海域结冰。的确，夏季直接从太阳接受的热量可能比现今高 1/5，但是过去的温度不一定比现在高。夏季温度并非总与直接从太阳接受的热量成正比关系。麦哲伦海峡位于南纬 53 度，此处接受的太阳直接热量可能与英国中部相等。丘鲁卡先生与加莱亚诺先生在此观察到夏天降雪，尽管白昼时长为 18 小时，但温度计显示的温度很少高于 42 ℉或 44 ℉，并且从未超过 51 ℉（分别为 5.5℃、6.6℃和 10.5℃）。[2]

由于夏季与太阳的距离近，太阳光的功率很大，可能导

---

①《哲学杂志》，1864 年 5 月。

②《爱丁堡哲学期刊》（*Edinburgh Philosophical Journal*），第四卷，第 266 页。

180　致蒸发作用的增强。但是，由积雪覆盖的高山和结冰的海面可能导致大气温度降低，并使水蒸气凝结成浓雾。这些浓雾和天空中密布的乌云可能阻止大量太阳光到达地球，结果是积雪在夏季无法融化。此外，如今南半球海洋中的一些群岛明确地说明了这一情况。桑威奇群岛在南半球所处的纬度与苏格兰在北半球的纬度相同，这些岛屿在整个夏季均由冰雪覆盖；南半球南乔治亚岛所处的纬度与英国中部在北半球的纬度相同，此处的永久性积雪一直延伸至沿海的沙滩。以下为库克船长对这个阴森的地方的描述，他叙述道："在夏天，一个位于54度至55度之间的岛屿竟然有很多地方几乎完全被几米深的积雪所覆盖，我们简直觉得太不可思议了……在海湾，矗立着巍峨的冰悬崖，巨大的冰块随时可能脱落，发出震耳欲聋的响声。陆地深处也非常可怕。突兀的山石高耸入云，山谷地区似乎由永久性积雪所覆盖。陆地上看不到任何树木或灌木丛。唯一可见的植物迹象就是一丛丛的厚叶草、野生地榆以及生长在岩石上、表面上像植物的苔藓……这些景象不禁使我们认为，由于岛屿内陆地区所处的海拔，这里的温度一直很低，以至于无法融化大量积雪，并形成河流。我们在整个沿海地区都未曾找到任何淡水河。"①

---

　　①《库克船长的第二次航海旅行》（*Capt. Cook's Second Voyage*），第二卷，第232—235页。

这种严酷的气候主要是因为岛屿在整个夏季都被笼罩在浓雾中，太阳光受到浓雾的阻挡；这些浓雾是由于周围覆盖着积雪的高山以及南极洲海面上的大块浮冰降低了空气温度造成的。如果英国在冬季接受的太阳热量减少1/5，这个国家可能陷入同样可怕的情况，甚至比南乔治亚岛目前的情况更糟糕。

可以假设，在此种情况下，墨西哥湾暖流可能使英国附近的海域在冬季无法结冰。然而，我们注意到，假设海洋在冰川时期出现了结冰现象是毫无必要的。我们知道，南半球桑威奇群岛及南乔治亚岛附近的海域从不结冰，但是出现永久性积雪的最低海拔比格陵兰岛和斯匹次卑尔根岛更低。尽管存在墨西哥湾暖流，似乎仅需夏季海面存在大块浮冰，上述情形就必然发生。

大型洋流形成的原因是信风在海面上持续的推动作用。如今，这一观点已得到普遍认可。这些信风的存在是由于地球赤道和极地地区之间的温差。因此，任何可能增加或降低此温差的现象也可能助长或削弱洋流的力量。大气层中较低海拔气流的总趋势是从极地地区循环到赤道地区。如上文所述，随着地球轨道偏心率的增大，一个半球的冬季气候将变得更加严酷，而另一个半球将有所缓解。上文已提及，当冰川时期在欧洲出现时，北半球的冬季很可能极其寒冷，而南半球则极其温和。恶劣的气候导致北半球各地区的冰雪大量堆积，而南半球相对较少冰雪堆积，这可能导致北半球比南半球空气的温度更低，结果可能是北半球的洋流比南半球更强劲。这种情况一般导致墨西哥湾暖流的削弱。

迪佩雷船长（Capitaine Duperrey）认为，墨西哥湾暖流等恒流很显然起始于来自南极的三大冷水流。首先是太平洋的大规模赤道洋流，它起始于南极的一支寒流。此赤道洋流的一部分穿过亚洲群岛，并在印度洋与北上的另一支寒流交汇。然后，这支洋流向西行进，绕过好望角，与第三支北上的洋流在非洲西海岸汇合，继而向西流动，形成我们所称的大西洋赤道洋流。在接近圣罗克角时，这支洋流分成两部分；它的主要部分穿过墨西哥湾，形成墨西哥湾暖流，另一部分则沿着巴西海岸向南流动。

南半球气流强度的减弱可能首先减少维持赤道洋流的大规模冷水流，这可能削弱维持墨西哥湾暖流的大西洋赤道洋流。由于赤道洋流有所削弱，墨西哥湾暖流也可能受到减弱。然而，墨西哥湾暖流可能进而以另一种方式受到这一情况的影响。目前，东南信风偶尔能够达到北纬 10 度，甚至北纬 15 度，而东北信风很少越过赤道。冰川时期的情形应当相反。因此，与目前的位置相比，大规模大西洋赤道洋流很可能向南推进了。在这种情况下，如果假设露出水面的陆地的分布与现今类似，此洋流的很大一部分应当分流到了巴西沿岸的南部支流，穿过墨西哥湾的支流比例相应地减少。墨西哥湾暖流可能受到大幅削弱，甚至完全停止流动。若得益于地球轨道偏心率的变化，我们能够非常肯定地在不同地质时期与气候变化之间建立起联系，可能有望确定构成地球地壳的不同地层的年代，至少是近似地确定。如上文所述，我们可以通过其他方式从总体上确定地壳的形成年代。设岩石熔化的温度为 7000 ℉（约 3871℃），威廉姆·汤姆森教授根据傅里叶建立的冷却原理，计算出了地壳形成于大约 98000000 年前。[1] 因此，地球地质的演化历史应当包括在此段时间中。

至今尚未通过计算确定离心率在何时处于最大值，或离心率从最大值向最小值变化所需的时间。在《巴黎天文台年鉴》第二卷第二十九页中，我们发现一个表格为 1800 年以前 100000 年的离心率赋予的数值为 0.0473，为 1800 年以后 100000 年赋予的数值为 0.0189。在这 200000 年的区间中，存在局部最大值和局部最小值，但是我知道总体最大值并未在此时期出现。因此，我们可以肯定地断言，冰川时期出现的时间远在 100000 年前。

①《哲学杂志》，1863 年 1 月。

论空气中的碳酸对地球温度的影响

斯凡特·阿伦尼乌斯 (Svante Arrhenius)

载《伦敦、爱丁堡与都柏林哲学杂志与科学期刊》第 41 卷，系列 5, p.237-276, 1896 年 4 月

原题目: On the Influence of Carbonic Acid in the Air upon the Temperature of the Ground, 法文版译者为贝内迪克特·布鲁雷与史蒂芬·赫尔勒。

斯凡特·阿伦尼乌斯 (1859—1927) 是一位瑞典化学家，以其电化学研究而著称，并因此于 1903 年获得诺贝尔奖。自 20 世纪末以来，特别是随着人们对全球气候变暖的意识增强，他对温室效应理论的开拓性研究重新获得关注。阿伦尼乌斯在《论空气中的碳酸对地球温度的影响》(1896) 一文中，特别基于其同事古斯塔夫·霍格布姆 (GustafHögbom, 1857—1940) 的研究，提出大气中碳酸（二氧化碳的前称）比例的加倍可能导致地球平均气温上升 5℃。这项重要的研究结果符合政府间气候变化专门委员会 (IPCC) 计算出的温度变化区间的上限，标

志着当今气候变化研究的一个重要里程碑。然而，有趣的是，阿伦尼乌斯并未在文章中指出人类活动可能是大气中二氧化碳含量倍增的原因。后来，正如他的大多数同时代学者一样，他表示大气层中二氧化碳含量的增加可能缓解下一次冰川期的来临，因此对人类可能是一次机遇。

引言：兰利[①]（Langley）对大气吸收的观察

关于大气吸收对气候的影响，研究已多有涉及。丁达尔[②]曾特别指出此现象的重要性。他认为，此机制在很大程度上缓解了日温差和年温差。很久以来，这一问题的另一方面也引起了物理学家的注意：大气中存在的吸收热量的气体是否以某种方式影响了地球表面的平均温度？傅里叶[③]断言，大气层的作用就像温室的玻璃窗，它使太阳光通过，但阻挡地球的暗热辐射。普耶[④]深入研究了这一概念；兰利通过自行开展的部分研究，得出结论："如果大气层不具有选择性吸收的属性，即使它在过去与现在一样存在，在太阳光直射的作用下，

[①] 关于大气吸收对气候的影响。

[②]《热量：运动的方式》，第二版，第 405 页，伦敦，1865 年。

[③]《法兰西学书院皇家科学院论文集》（*Mémoire de l'Académie Royale des Sciences de l'Institut de France*），第七册，1827 年。

[④]《会议记录》（*Comptes rendus*），第七册，第 41 页，1838 年。

地球温度也很可能下降至 -200℃。"[1]

　　这种观点过于笼统地应用了牛顿的冷却定律，应当被摈弃。兰利本人也在此后的一篇论文中指出，月球必定不具有能够吸收热量的大气层，其"实际平均温度"约为 45℃。[2]

　　空气吸收热量（光热或暗热[3]）的方式有两种。一方面，热量在穿透空气时，发生选择性漫射；另一方面，大气中含有的一些气体吸收大量热量。这两种作用截然不同。空气对紫外线辐射的选择性漫射作用较强，如果辐射波长增加，选择性辐射的作用会逐渐降低，以至于其效应对平均温度与地

　　[1] 兰利，《信号服务专业论文》（*Professional Papers of the Signal Service*）第 15 期，《太阳热量研究》（*Researches of Solar Heat*），第 123 页，华盛顿，1884 年。

　　[2] 兰利，《月球温度》（*The Temperature of the Moon*），载《国家科学院论文集》（*Mem. of the National Academy of Sciences*），第九卷，第九篇论文，第 193 页，1890 年。

　　[3] 暗热是红外辐射的前称。

球相等的星体所发出的大部分辐射均可忽略不计。[1]

---

[1] 兰利,《专业论文》第15期,第151页。我尝试通过一个公式,计算出兰利所确定的选择性漫射导致的吸收值。在所有研究过的公式中,以下公式最符合实验结果:$\log a = b(1/\lambda) + c(1/\lambda)^3$,我通过最小二乘法确定了此公式的系数,并发现$b=-0.0463$,$c=-0.008204$。在辐射穿透质量为1的空气后,$a$代表波长为$\lambda$(单位为$\mu$)的辐射的强度,初始强度为1。下表论证了此公式与实验结果之间密切的关联性。对紫外线辐射的吸收率非常高,这与事实相符。对于最不相符的数值,我标出了可能出现的误差。我们可以从中观察到,误差非常小,以至于我们可以认为公式绝对准确。公式和实验数值的曲线在四个点重叠,分别为$1/\lambda = 2.43$、1.88、1.28、0.82。对于地球或月球发出热辐射光谱中占上风的部分,我们可以从此公式中估算选择性漫射的数值(入射角$=36°\sim38°$,$\lambda=10.4-24.4\,\mu$)。我们发现,当空气质量为1时,此原因导致的吸收率为0.5%—1%。此作用微不足道,已完全由实验误差所覆盖,在以下计算中忽略不计。

λ（单位为 μ）	$a^{1/7.6}$（观察结果）	$a^{1/7.6}$（计算结果）	可能的误差
0.358	0.904	0.911	
0.383	0.920	0.923	0.0047
0.416	0.935	0.934	
0.440	0.942	0.941	
0.468	0.950	0.947	0.0028
0.550	0.960	0.960	
0.615	0.968	0.967	
0.781	0.978	0.977	
0.870	0.982	0.980	0.0017
1.01	0.985	0.984	
1.20	0.987	0.987	
1.50	0.989	0.990	0.0011
2.59	0.990	0.993	0.0018

丁达尔、勒谢尔（Lecher）和佩恩特（Pernter）、伦琴（Röntgen）、海涅（Heine）、兰利、埃格斯特朗（Ångström）、帕申（Paschen）以及其他学者[1] 的研究表明，大气层的选择性吸收与此截然不同。它并不是由空气的主要部分所导致，而是由于空气中少量存在的水蒸气和碳酸[2]。此外，并非光谱中所有部分的吸收作用均相同；吸收作用在可见光谱中无法被察觉，而仅限于波长较长的部分。在此部分光谱中，吸收带的界定非常明确，有清晰的范围。[3] 此吸收作用对太阳热量的吸收影响相对较小，但是对地球辐射的传输具有重要意义。丁达尔认为，水蒸气的影响最大。勒谢尔和佩恩特等其他学者则认为碳酸的作用更明显。帕申的研究表明，这两种气体的效应均非常显著。因此，两种气体很可能根据不同情况而发挥更大的作用。

为了解大气中不同比例的水蒸气或碳酸对地球（或温度为 +15℃ 的任意星体）辐射吸收的强度，的确应当开展实验，以便研究适当数量的两种气体对温度为 15℃ 的星体所发出辐

[1] 韦迪·温克尔曼（Vide Winkelmann），《物理学百科全书》（*Handbuch der Physik*）。

[2] 碳酸是二氧化碳的前称。（编者注）

[3] 可参见特拉伯特（Trabert），《气象杂志》（*MeteorologischeZeitschrift*），第二卷，第 238 页，1894 年。

射的吸收作用。可是，我尚未开展这些实验。这需要非常昂贵的仪器，我所使用的仪器已不适用，所以我无法进行这些实验。

幸好，兰利为其《月球温度》的论文进行了其他研究。得益于这些研究，根据大气的具体条件来确定水蒸气和碳酸对热量的吸收似乎是可能的。他在不同海拔和不同季节测量了满月的辐射（当月亮不圆时，进行了必要的校正）。此外，此辐射分布于某一光谱上，我们可以在这篇论文中找到月球所发出的热辐射数值，其中包括 21 组不同热辐射的数值，其入射角由折射角为 60° 的石盐棱镜确定。所有辐射的入射角均在 40°—35° 之间，每组辐射与下一组均间隔 15 分钟。月球的温度几乎与地球相同。当月球辐射抵达测量仪器时，它们所穿透的碳酸层和水蒸气层的厚度随月球的高度和空气的湿度而变化。如果这些观察结果完全相似，仅需三次观察即可计算出水蒸气和碳酸对 21 组不同辐射的吸收系数。然而，24 组不同观察表明，情况并非如此。随着辐射穿透的水蒸气或碳酸的数量不断增加，这些气体对每组辐射的吸收强度可能一直下降。碳酸的数量与辐射穿透大气的轨迹长度成正比，也就是兰利研究结果中所称的"空气质量"。因此，我们取质量为 1 的空气中所含有的碳酸为一个单位，即垂直辐射在空气中穿透的碳酸的数量。部分水蒸气与"空气质量"成正比，部分水蒸气与空气湿度成正比，湿度的表达为每立方米空气中所含有水的克数。当地球表面每立方米空气含有 10 克水时，我将一个垂直光线所穿透的水蒸气的数量选定为水蒸气的单位①。如果根据碳酸和水蒸气的数量，将兰利在上述论文中发表的 24 组观察进行分类，我们可以立即看到这些数值的变化非常不规律，以至于出现了大量的例外情况，不符合以下规律：当两个数量不断增加时，传导的热量持续下降。此外，在这些测量结果中，似乎也出现了根据观察时刻不同而发生的周期变化。至于导致这些暂时性变化的情况，我们仅能提出模糊的推测：很可能天空的纯度在漫长的观察期间发生了变化，但是肉眼无法觉察到这种变化。为排除这种不规律变化，我将观察分为四组，碳酸（K）和水蒸气（W）的平均数量分别为 1.21 和 0.36、2.21 和 0.86、1.33 和 1.18 以及 2.22 和 2.34。基于 4 个观察组中每组热辐射的平均值，我计算出了两种气体吸收系数的近似值（x 和 y）。进而，我用这两个系数将每个观察实验的数值降低至 K 和 W 分别为 1.5 和 0.88 时的数值。然后，我将这 21 个数值相加，以便获得 K 和 W 分别为 1.5 和 0.88 时每组观察实验的热辐射的总和。对于一些非常规律的观察数据，总辐射值不会出现显著的变化。实际上，我们看到，同一时刻进行的

---

① 此数值约等于空气的平均湿度（见表 6）。

观察所得出的数值接近相等，但是不同时刻进行的观察所得出的数值往往存在很大差异。我计算出了不同时期的总热辐射所对应的平均值，见表 1。

表 1　热辐射平均值

时期	平均值	折减系数
1885 年 2 月 21 日 –1885 年 6 月 24 日	4850	1.30
1885 年 7 月 29 日 –1886 年 2 月 16 日	6344	1.00
1886 年 9 月 13 日 –1886 年 9 月 18 日	2748	2.31
1886 年 10 月 11 日 –1886 年 11 月 8 日	5535	1.15
1887 年 1 月 8 日 –1887 年 2 月 9 日	3725	1.70

为使兰利的数值彼此相似，我在不同时期进行的观察中应用了表 1 所标出的折减系数。我坚信，这种操作方式并未在上述计算中引入任何系统误差。

在完成上述步骤后，根据表中 K 和 W 的数值，我整理了兰利所有实验组的数据。

在表 2 中，每一列均根据入射角建立。K 和 W 显示的是以上单位的辐射所穿透碳酸和水蒸气的数量。然后是观察得出的辐射值（i obs.），即兰利在其辐射热测量计上观察到的辐射强度（折减后），随后是通过表中列出的吸收系数计算出的相应辐射值（ i calc.）。在此计算中， G 是根据最小二乘法，为观察得出的辐射值所赋予的相应重量。

我在表中给出了通过此方式计算出的吸收系数，也列出了吸收系数的常用对数。表中，左侧第一列对应的是入射角。

表 2　当 K 和 W 为不同数值时，满月的辐射值（ i ）

	40°	39,45°	39,30°	39,15°	39°	38,45°	38,30°	38,15°	38°	37,45°	37,30°
K	1,16	1,12	1,16	1,13	1,16	1,13	1,16	1,13	1,16	1,13	1,16
W	0,32	0,269	0,32	0,271	0,32	0,271	0,32	0,271	0,32	0,271	0,32
i obs.	28,7	26,6	27,0	26,4	24,8	24,8	12,6	20,1	43,8	65,9	74,4
i calc.	27,0	34,5	29,0	25,7	24,4	23,5	12,5	19,4	40,8	58,0	68,8
G	79	27	75	56	69	53	35	43	121	140	206
K	1,28	1,27	1,29	1,29	1,29	1,29	1,27	1,26	1,29	1,27	1,27
W	0,81	1,07	0,86	1,04	0,86	1,04	0,90	0,96	0,86	1,07	1,00
i obs.	22,9	31,2	26,7	21,3	18,2	11,0	5,8	3,7	14,0	32,0	52,3
i calc.	23,1	27,9	25,4	21,2	21,8	12,5	8,6	12,8	26,1	42,1	52,7
G	76	135	109	73	74	38	24	13	57	139	261
K	1,46	1,40	1,39	1,49	1,49	1,49	1,50	1,49	1,50	1,49	1,50
W	0,75	0,823	0,78	0,87	0,89	0,89	0,82	0,89	0,82	0,87	0,84
i obs.	11,9	28,2	23,0	18,9	18,0	9,2	9,9	14,4	24,6	34,8	46,6
i calc.	23,6	29,4	25,4	20,9	18,6	12,7	7,8	10,8	24,4	43,2	55,2
G	28	28	25	38	37	17	33	28	81	70	151
K	1,48	1,52	1,48	1,51	1,48	1,51	1,48	1,51	1,48	1,52	1,48
W	1,80	2,03	1,78	1,64	1,78	1,95	1,80	1,95	1,80	2,03	1,67
i obs.	25,2	27,6	24,6	18,3	27,6	4,8	3,7	3,6	17,6	45,5	43,9
i calc.	16,9	21,4	20,2	17,9	18,5	5,9	4,7	6,6	12,0	28,2	40,2
G	30	22	51	31	37	5	4	3	21	37	119
K	2,26	2,26	2,26	2,26	2,26	2,26	2,26	2,26	2,27	2,26	2,27
W	1,08	1,08	1,08	1,08	1,08	1,08	1,08	1,08	1,06	1,08	1,06
i obs.	21,3	23,4	20,8	16,4	11,1	8,2	4,5	3,5	17,3	36,1	47,1
i calc.	21,2	25,9	21,3	16,6	10,1	7,7	4,5	5,1	14,7	33,9	48,3
G	44	49	43	34	23	17	9	7	37	75	112
K	2,05	1,92	1,92	1,93	1,92	1,92	1,92	2,45	2,37	1,92	2,05
W	1,93	2,30	2,24	2,16	2,24	2,30	2,24	2,25	2,20	2,30	1,93
i obs.	13,4	12,8	14,8	15,1	10,3	6,6	3,4	3,4	7,9	20,8	31,5
i calc.	16,2	19,4	17,3	14,5	13,0	3,8	2,9	2,6	6,1	23,4	35,1
G	55	29	35	47	25	15	8	10	26	47	129

	37,15°	37°	36,45°	36,30°	36,15°	36°	35,45°	35,30°	35,15°	35°
K	1,16	1,16	1,18	1,18	1,27	1,16	1,27	1,27	1,27	1,16
W	0,32	0,32	0,34	0,34	0,48	0,32	0,48	0,48	0,48	0,32
i obs.	68,6	59	56,2	48,3	43,4	40,7	39,0	32,6	31,5	19,7
i calc.	73,7	57,1	50,9	46,0	34,9	36,4	31,3	27,7	27,3	19,3
G	190	163	118	102	28	112	25	21	20	54
K	1,27	1,27	1,31	1,32	1,32	1,28	1,33	1,33	1,33	1,25
W	1,00	1,00	1,05	1,00	1,00	0,81	0,51	0,51	1,07	0,60
i obs.	58,9	50,3	47,9	41,2	31,7	29,7	18,8	27,5	16,6	
i calc.	53,0	51,2	47,1	39,2	34,2	31,1	30,3	26,8	21,3	17,2
G	294	251	205	140	108	98	16	12	39	22
K	1,49	1,48	1,48	1,48	1,41	1,45	1,41	1,41	1,41	1,41
W	0,87	0,85	0,85	0,85	0,97	0,89	0,97	0,98	0,98	0,98
i obs.	43,1	36,4	35,4	31,2	28,3	24,9	16,6	15,4	10,3	9,2
i calc.	55,2	47,1	42,5	36,3	33,0	29,3	27,3	22,3	22,0	14,7
G	87	149	146	127	54	78	32	29	19	17
K	1,48	1,48	1,48	1,48	1,48	1,48	1,48	1,48	1,48	1,48
W	1,66	1,58	1,66	1,66	1,83	1,66	1,83	1,58	1,83	1,66
i obs.	47,5	48,7	45,8	34,5	35,0	27,5	28,7	21,4	17,4	15,4
i calc.	38,2	43,4	42,5	33,0	32,0	23,6	23,4	17,8	15,4	11,6
G	136	176	131	99	82	79	67	81	41	43
K	2,26	2,12	1,91	1,90	1,91	2,09	1,91	1,90	1,90	2,12
W	1,08	1,15	1,10	1,11	1,10	1,18	1,10	1,11	1,11	1,15
i obs.	44,6	32,0	27,8	24,7	26,6	24,5	19,0	16,0	13,9	10,1
i calc.	47,1	33,5	32,8	27,4	26,8	23,6	21,3	17,5	20,4	12,2
G	93	98	66	58	63	72	45	37	32	31
K	1,92	2,05	2,45	2,37	2,45	2,37	1,97	1,97	1,97	1,97
W	2,30	1,93	2,25	2,20	2,25	2,20	2,33	2,33	2,33	2,33
i obs.	24,7	33,2	26,7	19,4	22,6	18,8	16,4	10,9	12,1	7,9
i calc.	27,1	31,8	23,7	18,4	21,4	16,8	17,4	11,5	12,2	8,4
G	56	137	77	63	65	61	32	22	24	16

　　我们可以通过以下的例子阐明这些数值的意义：如果入射角为 39.45° 的太阳光穿透一个单位碳酸，它根据 1 ∶ 0.934 的比例失去热量（log$x$=-0.0296）；每单位水蒸气的相应数值为 1 ∶ 0.775（log$y$=-0.1105）。当然，这些数值仅适用于观察

K 进行时的情况，即辐射首先穿透的碳酸量 $K=1.1$，水蒸气量 $W=0.3$，之后我们再观察其他数量的碳酸和水蒸气的吸收量。这些数量不能超过 $K=1.1$ 以及 $W=1.8$，由于观察的区间不能从 $K=1.1$ 扩展至 $K=2.2$，也不能从 $W=0.3$ 扩展至 $W=2.1$（K 和 W 的数据根据辐射而稍有差异）。A 栏显示的是单位月光辐射在穿透 $K=1$ 的碳酸和 $W=0.3$ 的二氧化碳后辐射强度的相对值。在某些情况下，计算得出的 $\log x$ 和 $\log y$ 为正值。这不符合物

表3　碳酸（x）和水蒸气（y）的吸收系数

Angle de déviation	$\log x$	$\log y$	A
40°	+0,0286 0,0000	-0,1506 -0,1455	27,2
39,45	-0,0296	-0,1105	34,5
39,30	-0,0559	-0,0952	29,6
39,15	-0,1070	-0,0862	26,4
39,0	-0,3412	-0,0068	27,5
38,45	-0,2035	-0,3114	24,5
38,30	-0,2438	-0,2362	13,5
38,15	-0,3760	-0,1933	21,4
38,0	-0,1877	-0,3198	44,4
37,45	-0,0931	-0,1576	59,0
37,30	-0,0280	-0,1661	70,0
37,15	-0,0416	-0,2036	75,5
37,0	-0,2067	-0,0484	62,9
36,45	-0,2465 -0,2466	+0,0008 -0,0000	56,4
36,30	-0,2571	-0,0507	51,4
36,15	-0,1708 -0,1652	+0,0065 -0,0000	39,1
36,0	-0,0940	-0,1184	37,9
35,45	-0,1992	-0,0628	36,3
35,30	-0,1742	-0,1408	32,7
35,15	-0,0188	-0,1817	29,8
35,0	-0,0891	-0,1444	21,9

理学的逻辑（辐射经过产生吸收作用的气体后可能增强）。这些情况可能是由于观察误差所导致。在这些情况下，我假定相应气体的吸收量为零，然后用这一数值计算另一种气体的吸收系数，最终得出 A 的数值。

正如我们在表 2 中所观察到的，在大多数情况下，i obs. 的数值与 i calc. 的数值相对一致。然而，在某些情况下，这两个数值并不如我们所希望的接近。在这些情况下，重量 G 的值一般较低；换言之，这些情况下的观察物质相对无法满足要求。此外，这种情况主要发生于能够被水蒸气大幅度吸收的辐射。我们认为大气中的水蒸气与地球表面的湿度成正比关系。此效应很可能是由于大气中的水蒸气分布不理想，与海拔不一致。此外，通过热气球飞行时所进行的观察，我们知道水蒸气的分布可能极不规律，且与理想的平均分布截然不同。第三组等某些观察组所呈现的特点是，所有观察得到的数值均低于计算数值，而第四组等其他观察组的情况则恰好相反。这个事实表明，统计数据的分歧较显著，将两组数值结合起来也许能够在计算数值和观察数值之间建立密切的关联。

由于将两组数值结合对计算吸收系数的准确度不构成影响，我并未将两组数值合并，也未重新进行计算，而将数值合并后，必然需要重新计算。

表 3 中显示的吸收系数不可能包含重大误差。对此观点

提供坚实基础的一个事实是，很少有对数为正值。如果兰利的观察结果确实不尽如人意，为正值的对数应与负值的同样多。然而，为正值的对数仅有三个，即对于碳酸而言，入射角为 40° 时，以及对于水蒸气而言，入射角分别为 36.45°和 36.15° 时。对于入射角为 40° 的情况，由于兰利对这些观察结果并不感兴趣，它们不是非常具体，相应的辐射不属于月球的光谱，而是属于月球反射的太阳光的光谱。由于这些辐射在温度为 15℃ 的星体上并不普遍，这种数值不对应的情况对我们研究的问题无关紧要。水蒸气对数的两个正值也比较微不足道。对于水蒸气数量 $W=1$ 的吸收系数而言，它们对应的误差仅为 0.2% 和 1.5%，完全属于实验误差的正常范围。

当然，比较这些吸收系数与帕申和埃格斯特朗的直接观察结果[①]很有意义。在进行对比时，应当注意的是，我们无法得到完全对应的关系，因为与这两位学者在观察的基础上计算出的系数相比，上述系数的意义截然不同。上述系数显示

---

① 帕申，威德曼（Wiedemann）主编。《年刊》（Ann.）第一卷，第409 页，1803 年；第五十一卷，第 1 页，第五十二卷，第 209 页，及第五十三卷，第 334 页，1894 年。关于碳酸，请特别参见第一卷表9 图 5 中的第一个曲线；关于水蒸气，参见第二个曲线。Ångström, *Bihang till K. Vet.-Ak. Handlingar*, Bd. xv, Afd. 1, N° 9, p. 15, 1889；*Öfversigtaf K. Vet.-Ak. Förhandl*, 1889, N°9, p. 553.

的是对穿透特定数量的碳酸（K=1.1）及水蒸气（W=0.3）的单位辐射的吸收率，而帕申和埃格斯特朗的系数代表的是这些气体对经过它们前几个气层的辐射的吸收。这两种数量在总体上一致。然而，在某些情况下，它们之间存在巨大差异，我们不能期待其完全一致。

根据帕申指出的数值，当波长为 0.9μ 至 1.2μ（对应入射角为 40°）时，水蒸气的辐射和吸收作用似乎均不显著。但是，兰利绘制的太阳光谱在此区间有很多强吸收带，其中标注 ρ、σ、τ 以及 φ 的吸收带最强[1]，这些吸收带极可能是由于水蒸气所导致。在此区间内，帕申并未观察到水蒸气的辐射作用，原因是其热谱中短波辐射的强度较低。然而，可以承认，表 3 中水蒸气对此角度辐射的吸收系数并不是非常精确（此数值很可能非常大），因为兰利并不认为相应观察具有重要意义。随后，兰利的热谱中出现的是入射角 39.45°（λ=1.4μ）所对应的重要吸收带 Ψ，在此位置上，我们首次在帕申的曲线中观察到辐射（表 3 中的 logy=−0.1105）。帕申认为，在波长更长的辐射中，当 λ=1.83μ 时（兰利热谱中的 Ω），即入射角约等于 39.30°，或者当 λ=2.64μ 时（兰利热谱

---

[1] Langley, *Ann. Ch. et Phys.* série 6, t. xvii, pp. 323 et 326, 1889, *Prof. Papers*, N° 15, planche 12. 这些吸收带很可能位于同一处，拉曼斯基用水蒸气的吸收作用来解释它们。（Pogg. Ann. cxlvi, p. 200, 1872）

中的 X），即入射角稍微高于 39.15°，我们可以得到多个强吸
收带。我的研究结果与此相符。我发现水蒸气对这些角度的
辐射吸收系数均较大（$\log y$ 的数值分别为 -0.0952 和 -0.0862）。
帕申认为，从 $\lambda=3.0\mu$ 到 $\lambda=4.7\mu$，吸收系数非常低，这也
符合我的计算（当入射角为 39° 且 $\log y=-0.0068$ 时，对应
$\lambda=4.3\mu$）。从此数值开始，吸收系数重新开始增加，并在
$\lambda=5.5\mu$、$\lambda=6.6\mu$ 及 $\lambda=7.7\mu$ 时，再次出现最大值，也就是入
射角约为 38.45°（$\lambda=5.6\mu$）和 38.30°（$\lambda=7.1\mu$）。

在此区域中，水蒸气持续发挥吸收作用。因此，我们可
以理解在这部分光谱中吸收系数较大的原因（$\log y=-0.3114$
和 $\log y=-0.2362$）。由于帕申曲线中水蒸气的辐射光谱强度
不断下降，我们无法继续进行详细的分析，但是水蒸气的
辐射似乎在 $\lambda=8.7\mu$ 时（39.15°）也同样强，这与此处较大
的吸收系数（$\log y=-0.1933$）相对应。帕申的观察并未超过
$\lambda=9.5\mu$ 的范围，对应的入射角为 39.08°。对于碳酸而言，
当入射角为 40° 时，我们一开始得到的数值为零，这与帕申
和埃格斯特朗的数据相符。[1] 在 $\lambda=1.5\mu$ 时，碳酸的吸收作
用首次被觉察，此后它迅速上升，直到 $\lambda=2.6\mu$ 时达到最大
值，继而在 $\lambda=4.6\mu$（兰利光谱中的 Y）时，达到第二个最

---

[1] 然而，应当注意的是，帕申的光谱在此处的强度很低。因此，与其
研究结果取得一致性可能是偶然的。

大值。埃格斯特朗认为，当 $\lambda=0.9\mu$ 时，碳酸的吸收为零，当 $\lambda=1.69\mu$ 时，碳酸的吸收作用非常弱，此后它持续上升，直到 $\lambda=4.6\mu$，然后再次出现下降，直至 $\lambda=6.0\mu$。此特征与表 3 中 $\log x$ 的数值完全相符。从 $40°$ 入射角对应的零值（$\lambda=1.0\mu$），$\log x$ 在入射角为 $39.45°$（$\lambda=1.4\mu$）时达到可测数值（-0.0296），然后其数值越来越大（入射角为 $39.30°$ 时，$\log x=-0.0559$；入射角为 $39.15°$ 时，$\log x=-0.1070$），最终达到特别高的一个最大值（当入射角为 $39°$，$\lambda=4.3\mu$ 时，$\log x=-0.3412$）。根据表 3，碳酸的吸收在入射角为 $38.30°$ 和 $38.15°$（$\lambda=7.1\mu$ 和 $\lambda=8.7\mu$）时最强（$\log x=-0.2438$ 和 $\log x=-0.3730$）。然而，根据埃格斯特朗的研究，碳酸的吸收作用在此时仍然无法测量。这可能与埃格斯特朗的光谱在波长较长部分的强度很低有关。帕申曲线显示，在此部分光谱中，碳酸有持续发挥吸收作用的迹象，并在 $\lambda=5.2\mu$、$\lambda=5.9\mu$、$\lambda=6.6\mu$（很可能由于水蒸气的痕迹）、$\lambda=8.4\mu$ 和 $\lambda=8.9\mu$ 时取得数值较小的最大值。由于在此部分光谱中水蒸气的吸收作用较强，兰利观察实验中的辐射强度非常弱，因此，吸收系数的精确度不高（参见表 1）。碳酸对此部分光谱（入射角介于 $38.30°$ 和 $38.0°$ 之间）吸收系数的计算结果可能很大，而水蒸气的计算结果可能很小。更何况在表 1 中，K 和 W 在总体上同时增加，这种情况发生的可能性就更大了，因为这两个数值与"空气质量"成正比关系。然而，应当注意的是，这也适用于下文即将阐述的问题。此外，这种操作方式引入的误差低于我们一开始的预期。

对于入射角高于 38° 的情况（$\lambda > 9.5\mu$），我们没有对两种气体的辐射或吸收进行直接观察。兰利认为，太阳光谱在入射角为 37.50°、37.25°、37° 和 36.40° 时的吸收带非常强。根据我的计算，在 38°—35° 的光谱之间，水蒸气在入射角介于 37.15° 和 37.45° 时达到最大吸收率（入射角为 35.45°、35.30° 和 35.15° 时的数值非常不确定，由于其计算所基于的测量值数量很少），碳酸在 36.30° 和 37.0° 之间达到最大吸收率。这似乎指出，前两个吸收带属于水蒸气，而最后两个吸收带属于碳酸。应强调的是，兰利对测量角度介于 36°—38° 之间的月球辐射强度非常重视。在此区间中，辐射强度达到最大值。因此，我们可以假设，此部分光谱吸收系数的计算结果精确度最高。这个事实对以后的计算至关重要，在此部分光谱中，地球发出辐射 [1] 的强度最高，且远高于其他辐射。

构成成分多变的大气层的总吸收

现在，我们已通过上述方法确定了所有类型的光线的吸

---

[1] 地球发出的辐射已经由 $K=1.1$ 和 $W=0.3$ 的大气过滤。

收系数值。借助于兰利的数据①，我们可以计算温度为 15℃的星体（地球）所发出的热量。这些热量由含有特定数量的碳酸和水蒸气的大气层所吸收。我们首先取 $K=1$ 且 $W=0.3$，并开始计算。在兰利的观察结果中，我们将数值最精确的一种光线，而且此光线位于辐射（37°）最重要部分的中心。我们发现，当 $K=1$ 且 $W=0.3$ 时，此光束的辐射强度等于 62.9；借助于吸收系数，我们发现当 $K=0$ 且 $W=0$ 时，辐射强度为 105。然后，我们利用兰利开展的关于温度为 15℃的星体所发出辐射在光谱上的分布实验，计算其他入射角的强度。表 4 M 行列出了这些强度的数值。于是，我们还需要计算当 $K=1$ 且 $W=0.3$ 时的数值。我们知道，当入射角为 37℃时，强度数值为 62.9。如果月球是温度为 15℃的星体，对于所有其他角度，我们可以使用表 3 中 A 的数值。然而，一项基于维里（Very）的研究数据② 的计算表明，月球在月圆之夜的温度更高，可高达 100℃。温度为 15℃的星体所发出辐射的光谱分布近似地与温度为 100℃的星体情况相同，但不完全相等。然而，通过兰利的数据，很容易将温度高达 100℃的星体（月球）的辐射强度降低，以便获得适用于 15℃的星体（地球）

---

①《月球温度》（*The Temperature of the Moon*），插图五。

②《月球热量的分布》（*The Distribution of the Moon's Heat*），Utrecht Society of Arts and Sc., The Hague, 1891.

的数值。表 4 N 行列出了降低后的 A 值。

表 4 　降低温度后的辐射值

角度(°)	40	39.45	39.30	39.15	39.0	38.45	38.30	38.15	38.0	37.45	37.30
M	3.4	11.6	24.8	45.9	84.0	121.7	161	189	210	210	188
N	3.1	10.1	11.3	13.7	18.0	18.1	11.2	19.6	44.4	59	70

角度(°)	37.15	37.0	36.45	36.30	36.15	36.0	35.45	35.30	35.15	35.0	总和	%
M	147	105	103	99	60	51	65	62	43	39	2023	100
N	75.5	62.9	56.4	51.4	39.1	37.9	39.2	37.6	36.0	28.7	743.2	37.2

通过上文描述的方法，我们发现对于低于 37° 的角度，其数值略低于表中的数据。表中数据是借助于表 3 中的吸收系数数值和 N 值确定的。与上文给出的方法相比，这种研究方法使 M 的总和略高（6.8%）。这两种数值的不一致很可能是由于观察所用的光谱并不完全"纯净"。

因此，由于 M 值不明确，数值 37.2 很可能受到较大误差的影响。在下列计算中，发挥重要作用的并不是数值 37.2，而是此数值由于 K 值和 W 值增加而出现的下降。作为比较，兰利曾在其研究中估算月球发出的、能够穿透大气层的辐射比例为 38%。[1] 我们将看到，由于兰利观察中的普通大气对应的 K 值和 W 值高于 $K=1$ 和 $W=0.3$，与我的研究相比，兰利为

---

[1] 兰利，《月球温度》（ The Temperature of the Moon ），第 197 页。

大气层赋予的、对暗光的透光度更高。根据兰利的估算，当 $K=1$ 且 $W=0.3$ 时，数值应约为 44，而非 37.2。我们将在下文中阐述此差异可能产生的影响。

表 3 列出的吸收系数对介于 1.1 和 2.25 之间的 K 值以及 0.3 和 2.22 之间的 W 值均有效。在此区间中，借助于上文给出的这些系数和 N 值，我们能够为其他 K 值和 W 值计算 N 的数值，并通过加法得到穿透特定条件下的大气层的总热量。为方便今后的研究，我还为碳酸和水蒸气含量更高的大气层确定了 N 值。

应当将这些数值视为外推法计算的结果。表 5 列出了 N 值。我们已经用上文描述的方法确定了部分参数的数值；在这些数值的基础上，已借助于普耶的指数公式，通过插入法确定了其他参数的数值。表呈现两个轴，水平轴代表大气中水蒸气的数量 W，垂直轴代表碳酸的数量 K。

表 5　特定气层对 15℃星体热量的透明性

H_2O / CO_2	0,3	0,5	1,0	1,5	2,0	3,0	4,0	6,0	10,0
1	37,2	35,0	30,7	26,9	23,9	19,3	16,0	10,7	8,9
1,2	34,7	32,7	28,6	25,1	22,2	17,8	14,7	9,7	8,0
1,5	31,5	29,6	25,9	22,6	19,9	15,9	13,0	8,4	6,9
2	27,0	25,3	21,9	19,1	16,7	13,1	10,5	6,6	5,3
2,5	23,5	22,0	19,0	16,6	14,4	11,0	8,7	5,3	4,2
3	20,1	18,8	16,3	14,2	12,3	9,3	7,4	4,2	3,3
4	15,8	14,7	12,7	10,8	9,3	7,1	5,6	3,1	2,0
6	10,9	10,2	8,7	7,3	6,3	4,8	3,7	1,9	0,93
10	6,6	6,1	5,2	4,3	3,5	2,4	1,8	1,0	0,26
20	2,9	2,5	2,2	1,8	1,5	1,0	0,75	0,39	0,07
40	0,88	0,81	0,67	0,56	0,46	0,32	0,24	0,12	0,02

当太阳热量经过地球大气层的不同区域时，它呈现的特征与暗热截然不同。毋庸置疑，太阳热量刚穿透大气层时经过的几个区域对某些红外射线进行选择性吸收，但是一旦吸收这些辐射，太阳热量在经过更多区域后似乎也不再出现减少。对于水蒸气而言，我们可以借助于兰利在科罗拉多州坎普山（Mountain Camp）和隆佩恩（Lone Pine）开展的感光测定观察[①]，很容易地加以论证。在隆佩恩的观察实验于 1882 年 8 月 18 日至 9 月 6 日 7 点 15 分和 7 点 45 分、11 点 45 分和 12 点 15 分以及 16 点 15 分和 16 点 45 分进行。在坎普山，观察实验于 8 月 22 日至 25 日同时间进行，只有一次观察实验例外，于上午 8 点进行。我根据空气湿度将在每个地点进行的观察分为两组。表 6 列出了观察进行的地点、日期（Day）D（1882 年 8 月）、水蒸气的数量 W、通过感光计观察到的辐射值 I 以及在数量相同的情况下进行的第二次观察结果 I_l。

表 6　两地观察结果

	早晨				中午				晚上			
	D	W	I	I_l	D	W	I	I_l	D	W	I	I_l
隆佩恩	29.3	0.61	1.424	1.554	23.6	0.46	1.692	1.715	26.6	0.51	1.417	1.351
	21.1	0.84	1.458	1.583	26.9	0.59	1.699	1.721	23.2	0.74	1.428	1.359
坎普山	23.5	0.088	1.790		22.5	0.182	1.904	1.873	24.5	0.205	1.701	1.641
	23.5	0.153	1.749		24.5	0.245	1.890	1.917	22.5	0.32	1.601	1.527

① 兰利，《关于太阳热量的研究》（*Researches on Solar Heat*），第 94、98 和 177 页。

在湿度非常低的情况下（坎普山），我们看到，水蒸气的吸收率产生影响，因为湿度较大产生的数值（除了一个无关紧要的例外情况）低于湿度较低产生的数值。然而，对于在隆佩恩山进行的观察实验，情况似乎恰好相反。我们可以认为，辐射在经过水蒸气时有所增强，这是合理的。但是，观察到的效应可能由一种次要情况所导致。一般而言，当空气包含较多水蒸气时，空气纯净度很可能比水蒸气含量少时更高。由于空气纯净度较高，选择性漫射作用降低。这一次效应大大补偿了少量被吸收的辐射，这些辐射的吸收是由水蒸气数量增加所导致的。值得注意的是，埃尔斯特（Elster）和盖特尔（Geitel）已证明，当折射率很高的、不可见的光化射线湿度较高时，它较湿度低时更容易穿透空气。同时，兰利的数据也表明，当水蒸气的数值超过约 0.4 时，它对太阳辐射的影响非常微小。相同的推论很可能适用于碳酸，因为这两种气体的吸收光谱从总体上类似。此外，碳酸主要吸收波长较长的辐射，所以碳酸吸收的太阳光谱的部分大大少于水蒸气。[①]

因此，如果 K 值和 W 值从较小的数值（$K=1$，$W=0.4$）增加至更高的数值，我们有理由假设来自于太阳的辐射不会出现相当显著的下降。

---

① 参考上文以及兰利的太阳光谱曲线，*Ann. d. Ch. et d. Phys.* série 6, t. xvii. pp. 323 et 326 (1889)；《专业论文》（*Prof. Papers*），N° 15，插图十二。

在继续阐述之前，我们还需要解决另一个问题。比如，假设空气中的碳酸含量与目前的含量相同（垂直光线，$K=1$），且水蒸气的数量为每立方米 10 克（垂直光线，$W=1$）。于是，地球发出的垂直光线穿透碳酸和水蒸气的数量为 $K=1$ 和 $W=1$；入射角为 30°的辐射（空气质量为 2）穿透碳酸和水蒸气的数量为 $K=2$ 和 $W=2$；以此类推。因此，地球表面的一个特定地点发出的不同射线与垂线的角度越大，吸收量就越高。

于是，我们可以思考，要使所吸收的辐射与从不同方向向宇宙消散的辐射相等，总辐射的路径长度是多少。对于发出的辐射，我们假设兰伯特定理有效。借助于表 5，我们可以计算每条射线被吸收的比例，然后将所有数值相加以得到被吸收的总热量，最后确定其占总辐射的比例。在我们的例子中，辐射经过的路径（空气质量）为 1.61。

换言之，如果总辐射穿过的水蒸气和碳酸的总量为 1.61，总辐射中被吸收的部分也同样多。此数值取决于大气层的构成，如果空气中水蒸气和碳酸的含量增加，此数值将下降。表 7 列出了不同数量的两种气体对应的这一数值。

表 7　地球发出辐射的平均路径

CO_2 \ H_2O	0,3	0,5	1	2	3
0,67	1,69	1,68	1,64	1,57	1,53
1	1,66	1,65	1,61	1,55	1,51
1,5	1,62	1,61	1,57	1,51	1,47
2	1,58	1,57	1,52	1,46	1,43
2,5	1,56	1,54	1,50	1,45	1,41
3	1,52	1,51	1,47	1,44	1,40
3,5	1,48	1,48	1,45	1,42	

如果大气层的吸收趋近于零，此数值将趋近于 2。

地球表面和大气层的热平衡

在全面了解大气层对热量的吸收后，我们还需要研究地球表面的温度如何取决于空气的吸收率。为此，普耶[1]已经开展了研究，但是这些研究需要更新，因为普耶的假设与目前对此问题的了解不一致。

在我们的推理中，我们假设可以完全忽略从地球内部到表面的热量。如果地球表面的温度发生变化，地壳上层的温度很显然也会变化。然而，与地表温度变化所需的时间相比，此效应将很快消散，以至于从地球内部传递至表面的热量（冬季为正，夏季为负）在任何时刻均与表面温度长达数世纪的微小变化无关，且在一年内的平均值接近零。

同时，我们还将假设在研究所涉期间，通过水平或垂直气流或洋流而传导至地球地表或大气层特定地点的热量为恒定，而且天空中布满乌云的部分与无云的部分相等。我们将仅根据空气的透明度研究温度的变化。

所有学者均一致认为，在地球和大气层温度之间存在永久平衡。因此，大气层向空间发出的热量应当与其从太阳辐射、温度更高的地球表面的辐射以及上升热气流中吸收的热

---

[1] 普耶，《会议记录》第七卷，第 41 页，1838 年。

量相等。另外，地球通过辐射向空间和大气层流失的热量与其从太阳辐射中吸收的热量相等。在考虑大气层或地球表面某特定地点时，我们还应当注意到洋流或气流带来的热量。至于辐射，我们将假设斯特凡辐射定理是正确的，此定理目前已被广泛接受。或者换言之，反射率为 $1-v$ 且温度为 T（绝对值）的星体向另一个吸收系数为 β 且温度为 θ 的星体所发出的热量值 W 为：

$$W = v\beta\gamma \ (T^4 - \theta^4)$$

其中 γ 为斯特凡常数（每秒钟和每立方厘米 $1.21 \cdot 10^{-12}$）。真空空间的绝对温度可以被认为等于零。[1]

在这些计算中，我们将空气视为温度一致且等于 θ 的包裹物，其对太阳发出热量的吸收系数为 α。当从太阳到达切面面积为 1 平方厘米的气柱的热量为 A，αA 为大气层吸收的热量，$(1-\alpha)A$ 为到达地球表面的热量。因此，A 值不包括通过大气层的选择性漫射被反射回空间的太阳热量。此外，我们指定 β 为大气层对地球表面发出热量的吸收系数；β 也是大气层的低温辐射系数，严格来讲温度为 15℃，但是热量的光谱分布仅根据温度发生缓慢的变化，β 也可被视为大气层在此温度的辐射系数。（$1-v$）指的是地壳的反射率，M

---

① 兰利，《专业论文》N° 15，第 122 页。《月球温度》，第 206 页。

和 N 分别为传递至大气层和地球表面指定地点的热量。至于单位时间，我们可以任意选择时长。对以下计算最合理的选择可能是三个月。我们将 1 平方厘米作为单位面积。至于空气中的热量，就是切面面积为 1 平方厘米的气柱所包含的热量，与大气层的热量相等。空气对地面反射热量的吸收并不显著，因为地面反射热量在此前穿透了大量的水蒸气和碳酸，但是其中一部分热量可通过水蒸气和碳酸的漫射作用被反射回地面。此部分不包含在反射率（$1-v$）中。γ、A、v、M、N 和 α 为常数，β 为自变量，θ 和 T 为因变量。因此，对于此气柱：

$$\beta\gamma\theta^4 = \beta\gamma v\ (T^4 - \theta^4) + \alpha A + M \tag{1}$$

此等式中的第一部分代表空气向空间（温度为零）发出的热量（辐射系数为 β，温度为 θ）。第二部分表示地面（切面面积为 1 平方厘米，温度为 T，反射率为 $1-v$）向大气层发出的辐射；第三、第四部分表示大气层吸收的太阳辐射量和通过热传导（气流）从大气其他部分和地面获得的热量。我们通过相似的方法发现，对于地球表面：

$$B\gamma v\ (T^4 - \theta^4) + (1-v)\ \gamma v T^4 = (1-\alpha)\ vA + N \tag{2}$$

第一、第二部分分别代表向大气层和空间发出的热辐射，$(1-\alpha)vA$ 为太阳辐射被吸收的部分，N 为通过气流或洋流的作用从地面其他部分或大气层向特定地点传导的热量。将两个等式合并，消除不太重要的 θ，我们发现：

$$T^4 = [\alpha A + M + (1-\alpha) A (1+v) + N (1+1/v)] / [\gamma (1+v-\beta v)]$$
$$= K / [1+v (1-\beta)] \tag{3}$$

对于坚硬的地壳，我们可以假设 v 等于 1。此假设无显著误差，唯一例外的是，对于由积雪覆盖的表面，我们假设 $v=0.5$。对于地球表面由水覆盖的部分，我借助于岑克尔（Zenker）[①] 的数值，确定了 v 的平均值为 0.925。此外，我们还应当考虑云的折射率。我不清楚此数值是否已被测定，但是它应当与刚下的雪的折射率相差不大，泽尔纳（Zöllner）已将其测定为 0.78，因此 $v=0.22$。积雪的折射率更低，因此 v 值更大。我们取 0.5 为平均值。

公式（3）指出，地球的温度随 β 值升高，v 值越大，升高的速度越快。当 $v=1$ 时，温度升高 1℃。我们可以分别得到 $v=0.925$、$v=0.5$ 以及 $v=0.22$ 时温度升高的幅度，见表 8。

表 8　温度升高幅度

β	$v=0.925$	$v=0.5$	$v=0.22$
0.65	0.944	0.575	0.275
0.75	0.940	0.556	0.261
0.85	0.934	0.535	0.245
0.95	0.928	0.512	0.228
1.00	0.925	0.500	0.220

[①] 岑克尔，《热量在地球表面上的分布》（ *Die Vertheilung der Wärme auf der Erdoberfläche* ），柏林，第 54 页，1888 年。

如果所研究地表部分的折射率不随温度变化而变化，此推理就成立。如果是这样，各种情况会彻底发生变化。比如，如果由于温度降低，致使目前未覆盖积雪的地方变得白雪皑皑，我们不仅应当在上述公式中改变 β 值，还需改变 ν 值。在这种情况下，应当注意的是，与 β 值相比，α 值非常小。

对于 α 值而言，我们选取 0.40，这与兰利[1] 的估算相符。在很大程度上，此数值取决于被漫射的部分太阳热量。这部分太阳热量被地球大气层所吸收。根据上述定义，不应将其包括在 α 值内。然而，一般而言，与兰利的测量数据相比，太阳的高度很可能稍低。兰利进行测量时，太阳在天空中的位置相对较高。因此，我们可以选取更大的 α 值，以便两种情形可以相互抵消。对于 β 值而言，我们将选取的数值为 0.70，这符合当 $K=1$ 且 $W=0.3$ 时系数为 1.66 的情况。在这种情况下，如果 $M=\varphi A$，T（赤裸的地标）和 T_1（地表覆盖着积雪）之间的关系如下：

$$T^4:T_1{}^4=\{[A(1+1-0.40)+M]/[\gamma(1+1-0.70)]\}:\{[(A(1+0.50-0.20)+M)]/[\gamma(1+0.50-0.35)]\}=[(1.60+\varphi)/1.30]:[(1.30+\varphi)/1.15]$$

应当强调，对于整个地球，M 的平均值为零，赤道地区的 M 值为负值，极地地区 0 为正值。

---

[1] 兰利，《月球温度》，第 189 页。在第 197 页，他估算此值仅为 0.33。

对于中纬度地区，$M=0$，如果 $T=273$，T_1 的数值为 267.3。也就是说，如果地面覆盖着积雪，温度下降的幅度为 5.7℃ [1]。直到 $\varphi=1$，即在通过对流作用传递给大气层的热量超过总太阳辐射前，此机制将导致温度一直下降。这只能发生于冬季及极地地区。

然而，此现象完全为次要的。我们首先分析的效应是 β 值的变化对地球表面温度 T 的直接影响。如果取初始数值 $T=273$ 且 $\beta=0.70$，当 β 取以下数值时，温度变化（t）分别见表 9：

表 9　温度变化（t）

β =		t =	
	0.60		−5℃
	0.80		+5.6℃
	0.90		+11.7℃
	1.00		+18.6℃

这些数值是基于 $v=1$ 计算的，因此是针对地球表面坚硬的地壳，覆盖有积雪的地球表面为例外情况。对于适用其他 v 值的表面，比如海洋或积雪覆盖的表面，应当将 t 值乘以一个分数。此分数已在上文给出。

---

[1] 下文引入了校正数据，考虑到大气层吸收层与辐射层的不同高度。在进行此校正的情况下，数值 5.7℃下降为 4.0℃。然而，由于天空中约有一半区域布满乌云，实际效应将仅为无云天空的一半。因此，平均效应将降低约 2℃。

现在，我们应当简要研究一下云的影响。地球表面上很大一部分地区不直接接受太阳的热量，因为云阻挡了太阳光。为确定受到云阻挡的部分地区占地球表面的比例，我们可以参考泰斯朗·德−波尔（Teisserenc de Bort）[1]关于云量的研究。根据具体文章中的表 17，我确定了不同纬度地区的平均云量，并发现了表 10 中的数值：

表 10　不同纬度地区云量

纬度	60	45	30	15	0	−15	−30	−45	−60
云量	0.603	0.48	0.402	0.511	0.581	0.463	0.53	0.701	

对于南纬 60° 与北纬 60° 之间的地区，平均值为 0.525，即 52.5% 的天空由云覆盖。这些云对热量的影响可通过以下方式进行估算。设一片云覆盖部分地球表面，且此被云遮挡的部分与邻近部分无任何联系。于是，在云的温度与其所覆盖的地面温度之间存在一种热平衡。二者均向彼此发出热量，且云还向其上方的空气及空间发出热量，我们可以认为云与地球之间的辐射与此辐射导致的微小温差成正比关系。其他通过气流进行的热交换也近似地与此温差成正比关系。在两

---

① 泰斯朗·德−波尔，《云量的平均分布》（*Distribution moyenne de la nébulosité*），《法国中心气象局年鉴》（*Ann. du bureau central météorologique de France*），第四卷，第二部分，第 27 页，1884 年。

者接受的热量相等的情况下，如果我们假设云的温度发生了变化（高度或构成等其他特点保持不变），下方的地面温度应当以同样的方式发生变化。如果邻近区域并未传递热量，云和地面可能最终达到相同的平均温度。所以，如果云的温度以特定的方式发生变化（高度和密度等其他属性不变），地面温度也同样会发生变化。然而，我们将在下文证明，大气中碳酸含量在比例上的某种变化总导致几乎相同的热效应，无论此变化的绝对数量是多少。因此，假设覆盖地面的云层很薄，且折射率为 0.78（$v=0.22$），我们可以计算此原因导致的温度变化。但是，一般而言，由于 K 和 W 的数值约等于 1，在 β 值约等于 0.79 的情况下，对云覆盖的部分产生的效应仅为 $v=1$ 的部分的 0.25。假设未被云覆盖的部分地球由一半水和一半陆地构成（由于云一般在海洋上方堆积，这一假设大约是正确的）。如果根据此假设，对海洋应用相同的修正（$v=0.925$），我们发现平均效应为整个地球表面 v 均等于 1 时的 60%（以整数表示）。

我们并未将积雪覆盖的地区纳入考虑范围。原因有两点：一方面，这些地区约有 65% 的部分普遍由积雪覆盖；另一方面，它们仅占地球表面很小的部分（平均而言，全年仅为约 4%）。因此，就上文中的数值 60% 而言，对此因数做出的校正可能不超过 0.5%。此外，在积雪覆盖的地区和地表赤裸的地区之间的边界地带，存在次要效应。此效应将雪的缓和效应抵消，甚至过度抵消。

在上文中，我们将空气认为是一种温度完全一致的包裹体。这种说法显然不正确。现在，我们将确定可能要引入的校正，以消除由这种不准确性导致的所有误差。显而易见，主要是大气层上部向空间发出辐射。此外，吸收地球大部分辐射的气层海拔并不是非常高。因此，大气向空间的辐射 [公式（1）中的 $\beta\gamma\theta^4$] 以及地球向大气的辐射 [公式（2）中的 $\beta\gamma\nu\ (T^4-\theta^4)$] 较低。与我们在这两个公式及第三个公式中作出的假设相比，大气层对防止热量向空间流失提供了更好的保护。如果我们了解向空间发出辐射的气层和吸收地球辐射的气层之间的温差，可能很容易在公式（1）、公式（2）和公式（3）中引入必要的校正因数。为此，我将阐述之后的论证过程。

在一般的大气情况（$K=1$ 且 $W=1$）下，由于大气层吸收约 80% 的地球辐射，且在某一海拔高度，大气层吸收 40% 的辐射，我们可以将位于此海拔的大气温度作为吸收层的平均温度。由于发出和吸收辐射遵循相同的数量法则，且在某一海拔高度，大气层吸收 40% 的空间辐射，我们可以将位于此海拔的大气温度作为辐射层的平均温度。空间辐射与大气发出辐射的实际方向相反。

兰利曾使用温度为 100℃ 的"莱斯利"方块，并就水蒸气对此方块所发出辐射的吸收率进行了 4 次测量。[①] 如果我们用普耶的公式计算，这些测量结果得出的吸收系数几乎相同。在这些数据的基础上，我们计算出，为使辐射吸收率达到 40%，应当在辐射器和辐射热测量计之间添加一定数量的水蒸气，这些水蒸气凝结后，可能形成厚度为 3.05 毫米的水层。对于整个地球，如果我们取 $K=1$ 和 $W=1$ 为平均值（见表 4），且地球温度为 100℃，我们发现地球在垂直方向上发出的辐射应当穿过厚度为 305 米的空气层，才能失去 40% 的热量。虽然地球的温度仅为 15℃，但是这种情况不会导致巨大的差异。由于地球向所有方向发出辐射，我们应当用 305 除以 1.61，从而得到 209 米。由于水蒸气的数量随海拔的升高而降低[②]，我们应进行轻微地校正，最终结果为 233 米。当然，此数值为平均值。在地球上更寒冷的地区，此数值更高。而在较温暖的地区，此数值也较低。因此，地球发出辐射的 40% 可能在穿透如此短的距离后就受到阻挡。然而，使用普耶的公式并非完全正确（很奇怪的是，兰利的数据也与此公式吻合），此公式得出的数值必然过低。另外，我们完

---

① 兰利，《月球温度》，第 186 页。

② Hann, *Meteorologische Zeitschrift*, xi. p. 196, 1894.

全没有考虑此气层中碳酸的吸收作用，这可能抵消上文提到的误差。在上层大气层，水蒸气含量非常低，所以我们应当在计算中将碳酸作为吸收辐射的主要物质。根据埃格斯特朗的测算结果[1]，我们得知相同数量的水蒸气和碳酸的吸收系数之比为 81 ∶ 62。此比例也适用于埃格斯特朗使用的温度最低的辐射器。毫无疑问，地球发出的辐射折射率更低。由于缺少更恰当数据，我们仅能够使用这些数据。对于温度更低的辐射器，碳酸的吸收率很可能稍微高于水蒸气，因为从总体上，CO_2 的吸收带比 H_2O 的吸收带折射率低。由于碳酸体积占大气层的 0.03%，我们计算出：在上层大气层发出的辐射中，40% 来自一个占大气层总体积 14.5% 的气层，这对应的高度约为 15000 米。与前文所述的情况一样，我们可以对此数值进行相同的说明。在此，我们忽略了上层大气层中存在的微量水蒸气的吸收作用。根据格莱舍（Glaisher）的测算结果[2]（稍微进行一些推论），两个气层——吸收层与辐射层——之间的温差约为 42℃。

　　就云层而言，所有数据自然稍有差异。我们可能应取太

---

[1] Ångström, *Bihangtill K. Vet.–Ak. Handl.* Bd. xv. Afd. 1, N° 9. pp. 11 et 18, 1889.

[2] Joh. Müller's*Lehrbuch d. kosmischen Physik*, Braunschweig, 5te Aufl. p. 539, 1894.

阳光可穿透云层的平均高度。为此，我选择了积云的最高点，这些最高点的平均海拔为 1855 米，最高海拔可达 3611 米，最低可至 900 米。[1] 我对介于 2000 米至 4000 米的平均值进行了计算（对应的温差分别为 30℃和 20℃，而不是地面辐射的 42℃）。

如果我们现在想对公式（1）、公式（2）、公式（3）进行调整，我们应在公式（1）和公式（2）中引入辐射层平均温度 θ，以及吸收层的平均温度 $(\theta+42)$ ℃、$(\theta+30)$ ℃和 $(\theta+20)$ ℃。在第一种情况下，我们应当分别取 $v=1$ 和 $v=0.925$，而在第二种和第三种情况下，应当取 $v=0.22$。

我们可以得到一个非常类似的公式

$$T^4=K/[\,1+v\,(1-\beta)\,] \tag{4}$$

以替换公式（3）

$$T^4=K/\,[\,1+cv\,(1-\beta)\,]$$

其中 c 为常数，在上述三种情况下，c 值分别为 1.88、1.58 和 1.37[2]。

---

[1] 根据埃克霍尔姆（Ekholm）和黑格斯特罗姆（Hagström）的测算结果。参见 *Bihangtill K. Sv. Vet.-Ak. Handlangar*, Bd. xii, Afd. 1, N°10, p. 11, 1886.

[2] $1.88=(288/246)^4$；$1.58=(276/246)^4$；$1.37=(266/246)^4$。246° 为大气层上辐射层的平均绝对温度。

于是，我们得到了以下更改后的数值，见表 11。如果 β 值的变化导致陆地温度升高 1℃，这些数值代表温度的变化。我们可通过公式（3）确定 β 值。

表 11　辐射的校正系数

β	陆地	水	雪	云层（v=0.22）海拔		
	v=1	v=0.925	v=0.5	0m	2000m	4000m
0.65	1.53	1.46	0.95	0.49	0.42	0.37
0.75	1.60	1.52	0.95	0.47	0.40	0.35
0.85	1.69	1.59	0.95	0.46	0.38	0.33
0.95	1.81	1.68	0.94	0.43	0.36	0.31
1.00	1.88	1.74	0.94	0.41	0.35	0.30

如果现在取 K=1 且 W=1 为整个地球空气状况的平均值，我们得到 β=0.785。假设云层覆盖的部分比例为 52.5%，云层高度为 2000 米，且未被积雪覆盖的地球表面由相等面积的陆地和水构成，我们得到温度的平均变化值为：

$1.63 \times 0.2385 + 1.54 \times 0.2385 + 0.39 \times 0.525 = 0.979$

这与我们直接应用公式（3）得到的结果几乎完全相同。因此，我决定使用最简单的公式。

我在上文中提到，与兰利的估算结果相比，我估算的空气对暗热的透明度更低，比例约为 37.2 ∶ 44。我们可借助于公式（3）或公式（4）很容易地计算出这一差异的影响。根据兰利数据计算出的效应可能比我的数据高 15%。兰利已测定空气对与地球类似的辐射体所发出热量有很强的吸收作用。我认为，我估计的数值与此测算结果最吻合。此外，我倾向于稍微低估所研究的效应，而不是将其过高估计。

计算空气中碳酸的一定变化可能导致的温度变化

现在，我们拥有所有必要数据，能够估算对地球温度的效应。地球温度的变化可能是由于大气中碳酸的一定变化所导致。仅需借助于表 3，以确定某一特定地点的吸收系数。此地点的碳酸含量（如今 $K=1$）及水蒸气含量（W）为已知。根据表 4，我们首先确定 ρ 因数，它代表地球辐射穿透大气层的平均路径长度，然后用 K 值和 W 值乘以此因数，进而确定与 ρK 和 ρW 对应的 β 值。假设碳酸的浓度为另一个数值 K_1（比如，$K_1=1.5$）。我们首先假定 W 值保持不变，并确定与此情况对应的 ρ 值，设此值为 ρ_1。随后，我们应当确定与 $\rho_1 K_1$（$1.5\rho_1$）和 $\rho_1 W$ 对应的 β 值。根据公式（3），我们可以很容易地计算出研究所涉地点的温度变化值（t）（在此情况下为温度的升高幅度），此地的温度随着 β 值变为 β_1 而发生变化。由于温度变化（t），W 应当同时发生变化。由于在陆地和海洋的分布不变的情况下，相对湿度不会发生重要变化（见我原论文中的表 8），我推测 W 值应当恒定不变，于是通过 W 确定了一个新的数值 W_1。在此基础上，我们进行了重新估算，并得

出 W_1 值和 β_1 值。我们可以将这两个数值视为最终结果。因此，通过这种方式，即使仅了解某一特定地点的实际温度和湿度，我们也可以计算出温度的变化值。

巴肯博士（Dr Buchan）曾在一年的时间内，记录不同地点在每个月中的平均温度。[1] 为获得整个地球的温度数据，我基于这些记录，用两条相距 10° 的纬线及相距 20° 的经线界定不同的地带（比如北纬 0° 至北纬 10° 之间，西经 160° 至西经 180° 之间），并计算每个地带的平均温度。我们尚未充分研究整个地球的湿度；因此，我在地球上的不同地点收集了大量相对湿度的测量结果（约为 780 个），并将它们标在世界地图上，以便估算每个地带的平均值。我按照四个季节将这些数值分类：前一年 12 月—2 月、3—5 月、6—8 月和 9—11 月。我在原论文中记录了详细图表和进行的观察；在此，我仅列出相隔 10° 的纬线之间的平均值。见表 12。

[1] Buchan, *Report on the Scientific Results of the Voyage of H.M.S*, Challenger, Physics and Chemistry, vol. ii, 1889.

表 12 平均温度、相对和绝对湿度 [1]

纬度(°)	平均温度					平均相对湿度					平均绝对湿度				
	12-2月	3-5月	6-8月	9-11月	年平均	12-2月	3-5月	6-8月	9-11月	年平均	12-2月	3-5月	6-8月	9-11月	年平均
70	-21,1	-8,3	7,5	-6	-7	86 0	81	77	84	82	1,15	2,14	6,22	2,84	3,09
60	-11,2	0,2	13,5	2,2	1,2	83	74	76	80	78,2	2,22	3,82	8,82	4,7	4,9
50	-1,4	7,8	18,7	9,7	8,7	78	73	69	76	74	3,86	5,98	10,8	7,16	6,95
40	8,4	14,5	21,8	16,6	15,3	73	68	67	71	69,7	6,53	8,63	13,4	10,13	9,7
30	17	21,5	26	23	21,9	71	68	70	73	70,5	10,36	12,63	17,1	15	13,8
20	23,2	25,5	26,8	25,9	25,4	74	73	78	77	75,5	15,3	17	19,6	16,8	17,2
10	25,5	25,8	25,4	25,5	25,5	77	78	82	81	79,5	17,7	18,9	19,9	19,3	18,9
0	25,7	25,5	24	25	25,1	81	81	82	80	81	19,4	19	17,9	18,3	18,7
-10	24,9	24	20,8	23,1	23,2	79	78	80	77	78,5	18	17,1	14,6	16	16,4
-20	22,4	20,5	16,4	19,3	19,7	75	79	80	75	77,2	14,8	14	11,1	13	13,2
-30	17,5	15,2	11,3	14,2	14,5	75	80	80	79	78,5	11,1	10,4	8,1	9,6	9,8
-40	11,6	9,5	5,9	8,2	8,7	81	81	83	79	81	8,34	7,08	5,94	6,63	6,99
-50	5,3	2	-0,4	1,6	2,1	83	79	--	--	--	5,74	4,46	--	--	--
-60															

借助于这些数值，我计算出了由碳酸含量变化所导致的温度变化的平均值。在温度变化的过程中，K 值从当前的 $K=1$ 变化至另一数值，具体而言，分别为 K 等于 0.67、1.5、2、2.5 和 3。我对纬度相隔 10° 的地带进行了计算，并分别计算了一年中四个季节的温度变化。表 13 列出了温度变化值。

仅需快速地浏览表 13，就可以观察到对温度变化的影响在全球范围内基本相同。它在赤道地区达到最小值，并不断

----

[1] 基于这些温度和相对湿度的数值，我计算出了绝对湿度，以每立方米所含水分的克数来表达。

表13 不同纬度碳酸含量变化导致温度变化

纬度	碳酸=0.67					碳酸=1.5					碳酸=2.0					碳酸=2.5					碳酸=3.0				
	12-2月	3-5月	6-8月	9-11月	年平均	12-2月	3-5月	6-8月	9-11月	年平均	12-2月	3-5月	6-8月	9-11月	年平均	12-2月	3-5月	6-8月	9-11月	年平均	12-2月	3-5月	6-8月	9-11月	年平均
70	-2.9	-3.0	-3.0	-3.1	-3.1	3.3	3.4	3.8	3.6	3.52	6.0	6.1	6.0	6.1	6.05	7.9	8.0	7.9	8.0	7.95	9.1	9.3	9.4	9.4	9.3
60	-3.0	-3.2	-3.4	-3.3	-3.22	3.4	3.7	3.6	3.8	3.62	6.1	6.1	5.8	6.1	6.02	8.0	8.0	7.6	7.9	7.87	9.3	9.5	8.9	9.5	9.3
50	-3.2	-3.3	-3.3	-3.4	-3.3	3.7	3.8	3.4	3.7	3.65	6.1	6.1	5.5	6.0	5.92	8.0	7.9	7.0	7.9	7.7	9.5	9.4	8.6	9.2	9.17
40	-3.4	-3.4	-3.2	-3.3	-3.32	3.7	3.6	3.3	3.5	3.52	6.0	5.8	5.4	5.6	5.7	7.9	7.6	6.9	7.3	7.42	9.3	9.0	8.2	8.8	8.82
30	-3.3	-3.2	-3.1	-3.1	-3.17	3.5	3.3	3.2	3.5	3.47	5.6	5.4	5.0	5.2	5.3	7.2	7.0	6.6	6.7	6.87	8.7	8.3	7.5	7.9	8.1
20	-3.1	-3.1	-3.0	-3.1	-3.07	3.5	3.2	3.1	3.2	3.25	5.2	5.0	4.9	5.0	5.02	6.7	6.6	6.3	6.6	6.52	7.9	7.5	7.2	7.5	7.52
10	-3.1	-3.0	-3.0	-3.0	-3.02	3.2	3.2	3.1	3.1	3.15	5.0	4.9	4.9	4.9	4.95	6.6	6.4	6.3	6.4	6.42	7.4	7.3	7.2	7.3	7.3
0	-3.0	-3.0	-3.1	-3.0	-3.02	3.1	3.1	3.2	3.1	3.15	4.9	5.0	5.0	5.0	4.95	6.4	6.6	6.6	6.6	6.5	7.3	7.3	7.4	7.4	7.35
-10	-3.1	-3.1	-3.2	-3.1	-3.12	3.2	3.2	3.2	3.2	3.2	5.0	5.3	5.2	5.1	5.07	6.6	6.6	6.6	6.7	6.65	7.4	7.5	8.0	7.6	7.62
-20	-3.1	-3.2	-3.3	-3.2	-3.2	3.2	3.2	3.4	3.3	3.27	5.2	5.6	5.5	5.4	5.35	6.7	6.8	6.7	7.0	6.87	7.9	8.1	8.6	8.3	8.22
-30	-3.3	-3.3	-3.4	-3.4	-3.35	3.4	3.5	3.7	3.5	3.52	5.5	6.0	5.8	5.6	5.62	7.0	7.2	7.7	7.4	7.32	8.6	8.7	9.1	8.8	8.8
-40	-3.4	-3.4	-3.3	-3.4	-3.37	3.6	3.7	3.8	3.7	3.7	5.8	6.1	6.0	6.0	5.95	7.7	7.9	7.9	7.9	7.85	9.1	9.2	9.4	9.3	9.25
-50	-3.2	-3.3	-	-	-	3.8	3.7	-	-	-	6.0	6.1	-	-	-	7.9	8.0	-	-	-	9.4	9.5	-	-	-
-60	-	-	-	-	-	-	-	-	-	-	-	-	-	-	-	-	-	-	-	-	-	-	-	-	-

224 增加直至最大区间。离赤道越远，此影响越大，而且空气中的碳酸含量也越高。当 $K=0.67$ 时，效应在北纬 40° 附近地区达到最大值。当 $K=1.5$ 时，在北纬 50° 达到最大值。当 $K=2$ 时，在北纬 60° 达到最大值。对于更高的 K 值，达到最大值的纬度高于北纬 70°。一般而言，除极地地区以外，效应在冬季比夏季更显著。当 v 值升高时，效应同样会更大，也就是说，陆地上的效应比海洋更显著。由于南半球的云量，南半球的效应比北半球明显。当然，碳酸含量增加将降低昼夜温差。在折射率随积雪覆盖层的扩展与退缩而发生变化的地方，效应还会出现二次增加。这种次要效应很可能使效应达到最大值的区域从低纬度地带向极地地区转移。[①]

应当注意的是，上述计算对兰利数据中的 $K=0.67$ 和 $K=1.5$ 应用了插入法，并通过外推法计算出了其他数值。对于 $K=0.67$，普耶的公式得出的数值很可能过低，而对于 $K=1.5$，则可能过高。毫无疑问，较高的 K 值对应的其他外推数值也会出现这种情况。

现在，我们能够研究在导致温度发生特定变化的情况下，大气中碳酸含量的变化值。我们可以通过插入法在表 7 中找到答案。为使研究更加简单，我们将仅进行一次观察实验。

---

① 参见本文附记。

如果碳酸含量从 1 下降至 0.67，温度下降值与碳酸含量上升至 1.5 时导致的温度升高值几乎相等。所以，为再次得到相同升幅（3.4℃），碳酸含量必须达到 2 至 2.5 之间。

因此，如果碳酸含量呈几何级数增加，温度将呈算术级数上升。当然，此法则仅适用于研究所涉的部分，但是将对下文的快速估算大有用处。

地质影响

此研究具有非常重要的意义，因此我不辞辛苦地进行了这些计算。斯德哥尔摩物理学学会曾关于冰期形成的可能原因进行了热烈讨论，我们有机会参与其中。我认为，这些讨论得出的结论是：对于结冰的气候条件是以何种方式在从冰川时期至今的短暂期限内建立起来的，尚未有令人满意的假设能够提供解释。迄今为止，人们普遍接受的观点是：在此期间，地球气候变冷，而且由于缺少证明相反情况的证据，应当假设目前气候持续变冷。我与好友兼同事霍格布姆教授对此进行了交流。通过这些交流与上述讨论，我就大气中的碳酸含量变化可能对地球气温产生的效应进行了初步估计。此估计使我认为，我们也许能够通过这种研究路径解释范围在 5℃—10℃以内的温度变化。因此，我进行了更详细的计算。现在，我向公众和批评人士提交这些计算结果。

地质学研究已证明，温带地区和北极地区在第三纪存在能够适应高温的植被和动物。与如今相同地区的植被和动物相比，它们对高温气候的适应能力更强。[①] 当时，极地地区的温度似乎比现在高 8℃—9℃。此时期的气候温和，随之而来的是冰期，而间冰期的出现曾一次或多次使冰期中断，间冰期的气候与如今的气候类似，甚至更加温和。在冰期发展至最高程度时，如今的发达国家均被积雪覆盖。爱尔兰、英国（除小部分南部地区以外）、荷兰、丹麦、瑞典、挪威以及俄罗斯（直到基辅市、奥廖尔市及下诺夫哥罗德市）、德国和奥地利（直到哈茨山、厄尔士山脉，德累斯顿市及克拉科夫市）均属于这种情况。此外，发育于阿尔卑斯山的冰川覆盖了瑞士、法国的某些地区、多瑙河南部的巴伐利亚地区、蒂罗尔地区、施泰尔马克州以及奥地利的其他地区，向南一直延伸至意大利北部地区。在北美地区，由冰雪覆盖的地区在西海岸一直扩展至北纬 47°，在东海岸扩展至北纬 40°，而中部地区则直至北纬 37°（在密西西比河与俄亥俄州的汇合处）。有迹象显示，世界其他地区也曾经历了严酷的冰期，比如高加索山地区、小亚细亚半岛、叙利亚、喜马拉雅山地区、印度、天山、阿尔泰山地区、阿特拉斯山地区、肯尼亚山地区及乞力马扎

---

① 如需更多细节，请参见 Neumayr, *Erdgeschichte*, Bd. 2, Leipzig, 1887；以及 Geikie, « The Great Ice-Age », 3e ed., London, 1894 ; Nathorst, Jordens historia, p. 989, Stockholm, 1894.

罗山地区（两个地区均靠近赤道）、南非、澳大利亚、新西兰、凯尔盖朗群岛、福克兰群岛、巴塔哥尼亚地区以及南美洲的其他地区。从总体上而言，地质学家认为，冰期在全球各地同时来临。[1] 这种解释是理所当然的。然而，根据克罗尔的理论，在南半球气候温暖的时期，北半球处于冰川时期，反之亦然。如果地质学家并未受到克罗尔理论的影响，上述解释很可能已经得到普遍认可。根据对雪线海拔变化的测量数据，我们认为这一时期的温度应当比现在低 4℃—5℃。上一次冰川时期应当发生于距今较近地质年代，人类在当时已经存在。一些美国地质学家认为，上一次冰川时期距今仅 7000 年或 10000 年，但是这一数字可能被严重低估了。

根据我们的计算，我们可以思考：要使温度分别达到第三纪和冰期的数值，碳酸含量的变化值应为多少。一项简单的计算显示，如果碳酸含量增加并达到当前值的 2.5 倍或 3 倍，北极地区的温度可能上升约 8℃—9℃。为使北纬 40°—50° 地区达到冰川时期的温度，空气中的碳酸含量应当为当前值的 0.62—0.55（温度下降 4℃—5℃）。地质学家希望温暖时期的气候分布比现今更加均匀，这与我们的理论相符。如果空气中的碳酸含量增加，不同地区的年气温与日气温的变化可能

---

[1] Neumayr, *Erdgeschichte*, p. 648 ; Nathorst, l. c. p. 992.

228

在一定程度上有所缓和。如果碳酸含量大幅度下降，可能出现相反情况（至少从赤道直至南北纬 50° 的地区）。然而，我倾向于认为，在这两种情况下，由于积雪覆盖扩展或退缩而导致的次要效应发挥最重要的作用。此外，理论还假设，在全球范围内均发生了大致相同的温度变化。因此，气候温和的时期或冰川时期同时在全球各地出现。由于南半球的云量更大，温度变化的幅度应当比北半球低（大约低 15%）。洋流也在不同纬度消除了温差，而南半球洋流产生的效应比北半球更显著；直至今日，情况仍然如此。这种效应的另一个原因是，北极地区的云量高于赤道附近地区。

下面，我们要提出一个重要且必须作出回答的问题：我们的理论需要碳酸含量的变化处于一定范围之内，这是否可能在相对较短的地质时期发生？霍格布姆教授对这一问题给出了答案。由于本文的大多数读者可能无法阅读他的论文，我简要概括并翻译了与我们的研究主题联系最紧密的选段[1]：

"自然反应产生或消耗碳酸。尽管无法得到这些自然反应的准确量化表达，但是存在某些能够准确估计的因素，我们可以从这些因素中得出某些能够阐明这一问题的结论。首先，将目前空气中的碳酸含量与转化成的碳酸数量相比较，是非

---

[1] Högbom, *Svensk kemisk Tidskrift*, Bd. vi, p. 169, 1894.

常重要的。如果前者相对于后者而言微不足道，在相反的情况下，温度变化的概率会截然不同。"

"假设空气中碳酸的平均含量达到空气总体积的 0.03%，这一数字代表着其重量为空气总重量的 0.045%，即部分压力为 0.342 立方毫米，且地球表面每平方米上的碳酸为 0.466 克。此数量的碳酸还原为碳后，可能在地球表面上形成厚度约 1 毫米的薄层。我们必然无法对有生命的动植物中的碳含量进行同样准确的估算。显而易见，可以表达此数量的数据应当与空气中的碳含量相同，而且与有生命的有机体相比，我们不能认为空气中的碳含量很高或很低。考虑到动植物变态的速度非常快，碳酸含量不会增加过多，以至于气候或其他原因导致的迅速变化和大规模变态无法影响已建立的平衡。"

"下文的计算对于判断空气中碳酸含量和转化碳酸量之间的关系具有启发性。目前，全球煤炭产量约为每年五亿吨，即地球表面每平方千米出产一吨煤炭。这些煤炭转化为碳酸后的数量大约等于大气层中存在的碳酸数量的千分之一。这相当于一层覆盖整个地球、厚度为 0.003 毫米的钙质岩层，或者说体积为 1.5 立方千米。我们可以认为，碳酸主要由现代工业引入到大气层中，其数量能够完全抵消石灰岩（或其他碳酸盐）形成所消耗的碳酸数量。这些石灰岩或其他碳酸盐是由于地质侵蚀或硅酸盐分解而形成。对于不同国家的河流，也就是在不同气候条件下，我们确定了其中溶解物质的数量，特别是碳酸盐的数量，并确定了这些河流中水的体积以及流域面积，还将露出地表的陆地面积与流域面积进行比较。基于这些研究，我们认为在一年的时间内，注入大海的溶解碳酸盐的体积最多可达 3 立方千米。此外，这些河流的河床由硅酸盐构成。已经证明，与流经石灰岩地区的河流相比，它们搬运的碳酸盐的数量微不足道。我们可以得出结论：这 3 立方千米的碳酸盐中有极少部分是直接由硅酸盐的分解而形成。换言之，碳酸钙年总量中有极少部分是由于侵蚀所形成。由于假设不完全准确或不完全确定，这些数据可能有 50% 或更高的误差。尽管如此，在此建立的对比具有非常重要的意义，因为它证明：在所有地质时期，硅质矿石的风化过程在消除大气中碳酸的所有过程中最为重要，此过程与发生相反效应的过程规模相等。相反效应发生的原因是当代的工业发展，应被视为具有临时性。"

"与石灰岩（或其他碳酸盐）中含有的碳酸量相比，大气碳酸的数量微不足道。考虑到沉积岩的厚度以及其中一大部分是由石灰岩和其他碳酸盐构成的事实，所有碳酸盐可能覆盖着整个地球表面，并形成厚度为几百米的岩层，这似乎是可能的。如果假设此厚度为 100 米（此数值有可能非常不准确，很可能被低估了），我们得出石灰岩中含有的碳酸量约为空气中碳酸量的 25000 倍。然而，在漫长的时期内，这一大块石灰岩中的每个碳酸分子均存在于空气中，或从空气中通过。尽管我们未考虑所有可能影响空气中碳酸含量的其他因素，此数值仅为以下假设的成立赋予了极低的可能性：在过去的不同地质时期中，这一数量发生变化的幅度与当前状态相差不大。碳酸数量出现重要变化的可能性似乎并不大，因为侵蚀过程消耗的碳酸数量为目前空气中存在的碳酸量的成千上万倍，且这些过程的强度极有可能存在很大差异并发生于不同时期，它们也极有可能出于不同的地理、气候或其他原因。出于某种原因，补偿效应在碳酸产生和消耗倾向于显著改变平衡时发生作用。即使考虑到补偿效应，也是如此。我们将在下文详细阐述。人们普遍认可，过去空气中的碳酸含量应当远高于现在，其数量下降可能是由于碳酸从空气中抽离，以煤炭和碳酸盐的形式储存在地壳中。在此假设中，碳酸含量下降的唯一原因往往是煤炭的形成，而完全忽略了更重要的碳酸盐的形成。如果我们更仔细地研究碳酸在所有时期进入大气层的过程，尽管碳酸盐在漫长的时间里储存了大量碳酸，事实能够将这种基于大气中碳酸数量持续下降的推论方式完全推翻。因此，我们可以得出结论，碳酸含量曾出现过极大的变化，但是变化的方向不总是相同的。"

"碳酸由以下机制引入大气层：①火山喷气及相关地理现象；②碳质陨石在上层大气层的燃烧；③有机体的燃烧与分解；④碳酸盐的分解；⑤由于断裂或分解导致的矿物质所储存碳酸的释放。空气中的碳酸主要由以下机制消耗：⑥硅酸盐受侵蚀后形成碳酸盐；⑦植物生长过程中消耗的碳酸。海洋通过水的吸收作用调节空气中碳酸的含量，也发挥重要作用。当水的温度升高时，它释放出碳酸；而当温度降低时，它吸收碳酸。机制④和⑤的重要性较低，可以被忽略。机制③和⑦也是如此，碳酸在有机界的循环速度非常快，以至于它们的变化不会产生显著的影响。但是，沉积岩中储存大量有机体的地质时期是例外情况，此时碳酸退出了循环；或者在碳储存重新进入循环的时期也属于例外，现今的情况就是如此。碳酸的来源机制②是完全可以计算的。"

"因此，机制①、②和⑥在总体上可以互相抵消。自从有机生命在地球上出现以来，目前储存在地壳石灰岩中的大量碳酸（相当于大量气层的压力）未曾在空气中存在，只有极微小的部分曾存在于空气中。而且，碳酸持续产生，地质侵蚀和碳酸盐形成所导致的碳酸消耗可能由此得到抵消。因此，我们应当将火山喷气作为大气中碳酸的主要来源。"

"然而，此来源并非以规律且一致的方式发出碳酸。正如每座火山均有不同的时期——休眠期和活跃期交替出现，在某些地质时期，火山的活动似乎在全球范围内都更剧烈且普遍，而在其他时期，则处于相对平静的状态。因此，空气中的碳酸含量很可能同时发生变化，或至少此因素曾产生重要影响。"

"通过分析上述碳酸的消耗与形成机制，我们注意到在这些机制之间不存在关联或相互依存的关系，不可能维持空气中碳酸含量的永久平衡。在不同地质时期，火山喷出的碳酸持续增加或减少，即使变化的幅度非常小，也可能导致空气中碳酸含量的变化。尽管如此，我们仍然可以想象，在某些地质时期，此数量曾比目前高几倍或远低于目前水平。"

因此，霍格布姆教授对空气中碳酸含量发生变化的可能性问题给出了最明确的答案。我还想简要的阐述一点，并引起大家的注意：对于温暖时期与冰川时期的交替，是否存在可接受的解释？在进行此文中的计算时，我有幸阅读了意大利杰出气候学家德－马尔奇先生（L. DeMarchi）发表的一篇论文，这使我无须再回答此问题。[①] 他详细地研究了迄今为止提出的所有不同理论，其中包括天文学、物理学和地理学的各种理论。在此，我将进行简要概述。根据这些理论，温暖时期和冰川时期的交替可能取决于下列情况的变化：

（1）地球周围的空间温度；

（2）地球接受的太阳辐射（太阳常数）；

（3）地球旋转轴相对于黄道的倾斜度；

（4）地极在地球表面的位置；

（5）地球轨道的形状，特别是偏心率（克罗尔）；

[①] Luigi De Marchi, *Le cause dell'era glaciale*, premiato dal R. Istituto Lombardo, Pavia, 1895.

（6）陆地与海洋的形状及面积；

（7）陆地表面的植被覆盖；

（8）洋流与气流的方向；

（9）二分点的位置。

德－马尔奇的结论是，所有这些假设都应被摈弃。另外，他认为，大气层透明度的变化可能导致研究所涉及的效应。根据他的计算，"大气层透明度的降低可能导致全球温度的降低，此温度变化的幅度在赤道地区较小，且随着纬度的增加而升高，直至纬度达到70°。然后，在极地附近地区，它再次降低。此外，大气层透明度的降低幅度在非热带地区较小。无论是陆地或海洋，均是如此。这可能降低年温差。大气层透明度降低的原因首先是空气中水蒸气数量增加，这不仅直接导致温度降低，而且大大增加陆地上的降雨量和降雪量。我们很难解释水蒸气数量增加的原因"。德－马尔奇得出的结果与我的结果截然不同，因为他并未充分考虑水蒸气的选择性吸收属性，而这一点至关重要。同时，他忽略了一个事实：如果大气层中的水蒸气增加，在其他条件未发生任何变化的情况下，水蒸气将凝结，直到恢复最初的情况。如上文所述，北纬40°和北纬60°之间地区的平均相对湿度为76%。现在，如果温度的当前值5.3℃降低4℃—5℃，以达到1.3℃或0.3℃，且空气中的水蒸气保持不变，相对湿度可能升高至101%或105%。这显然是不可能的，因为大气层的相对湿度不可能超过 100%。更不必假设冰川时期的绝对湿度比目前水平高，这也是不可能的。

显而易见，克罗尔的假设总是受到某些英国地质学家的青睐。我们也许可以援引德－马尔奇对这一理论的观点，这具有重要意义。德－马尔奇对此理论的研究比其他学者更细致，这与理论的重要性相符。他表示："从气候学和气象学的角度而言，根据这两门科学目前的发展水平，我认为可以得出结论，克罗尔的假设完全站不住脚。无论是其原理或是后果，均不成立。"① 我完全赞同这一观点。

克罗尔向地质学家允诺建立一部自然历史的年代表。其假设的优势似乎是使这些地质学家预先倾向于接受他的理论。尽管这种情况最初有优势，但是随着研究的不断深入，他的理论终将被推翻，因为克罗尔的年代表越来越无法符合观察到的事实。

综上所述，迄今为止，地质气候学的某些方面非常难以说明，我坚信前文提出的理论将为这些方面提供解释。

---

① De Marchi, l. c. p. 166.

关于气候变化的若干假设 ①

托马斯·克劳德·张伯伦

载《地质学期刊》1897年10月—11月

原题目：A Group of Hypotheses Bearing on Climatic Changes，本文从法文版转译，法文版译者为贝内迪克特·布鲁雷与史蒂芬·赫尔勒。

---

① 1897年8月20日，我在多伦多的英国科学发展协会上宣读了本篇论文。出于显而易见的原因，我必须非常简要地阐述所涉及的诸多因素，因此论文显得有些晦涩，并缺少具体细节。在本文中，我加入了一些图表和其他元素，也扩展并修改了对某些要点的阐述。然而，这种阐述仍然为概要性的。特别是，对更新世大气层周期性变化的阐释不完整，但这是一个普遍假设所遇到的特殊情况，此普遍假设的有效性不一定取决于这一个别应用。我想补充的是，在过去两年中，我已与很多同事及参与我课程的博士生讨论过本文涉及的大多数问题。他们曾给予我宝贵的帮助。此外，我想在此感谢F.R.莫尔顿（F.R.Moulton）、H.L.克拉克（H.L.Clarke）、A.W.惠特尼（A.W.Whitney）、J.P.古德（J.P.Goode）、H.F.贝恩（H.F.Bain）、塞谬·韦德曼（Samuel Weidman）、C.F.托尔曼（C.F.Tolman,Jr.）、N.M.费恩曼（N.M.Fenneman）以及C.F.斯尔本塔（C.F.Siebenthal）的计算与数值估算。1896年10月，我曾在芝加哥大学地质俱乐部介绍了本论文的主要内容。

托马斯·克劳德·张伯伦（1843—1928）是一位美国地质学家，以其在1893年创建的《地质学期刊》而闻名。他在气候学领域的开拓性研究证实了二氧化碳在调节地球温度中发挥的重要作用。在《关于气候变化的若干假设》一文中，张伯伦特别研究了岩石对二氧化碳的储存，以及二氧化碳含量在不同地质历史时期中存在重要变化的可能性。作者支持以下观点：大气层中微量气体的含量与地球温度紧密相关。斯凡特·阿伦尼乌斯也捍卫这一观点，这在当时科学家中非常罕见。为理解全球气候变暖的现象，他试图将地质学和天文学结合起来，并阐明了跨学科研究方法对气候变化研究的必要性。

尽管大气层是地质系统中最活跃的要素，但是它却极少受到地质学家的关注。大气层在产生作用后，通过自身的活动，几乎立即消除了这一作用留下的痕迹。因此，这些痕迹尤其具有转瞬即逝的特点。这使地质学家对大气层的作用漠不关心，而将注意力集中于能够留下持久痕迹且明确的影响。很久以来，由于很多难以解释的因素和不确定的阐释，大气层可能一直是地质历史上一个令人费解的要素。然而，这一要素至关重要，我们应当坚持不懈地致力于此方面的研究，直到获得真理。我痛苦地意识到这一点，这也是我对提交这篇论文的辩解，我论文中的很多部分均是纯理论研究。

238

　　我们对解决气候问题的所有尝试均建立在某种有意识或无意识的假设上，这些假设涉及大气层在不同时期的规模及性质。它们通常是无意识的，所得出的结论博得了信任。然而，如果将隐含假设直率地陈述出来，人们可能不会再对它们给予信任。因此，我们可以对关于大气层初步形成时期的现有假设提出一些质疑，并对一种假设或一组对立假设进行批判性研究，这可能是大有裨益的。在已接受假设的基础上增加一个对立假设，是对现有假设提出质疑的一种具体形式，比任何抽象怀疑论都更能够使质疑的根源继续存在。我认为，一个由大量研究假设构成的系统是能够为研究提供最有利条件的系统。我们欢迎更多的假设，哪怕假设的可信度较低。

　　如果计算大气层不同组成成分的质量，并估算它们在地表岩石蚀变过程中被消耗的速度，我们发现二氧化碳持续的时间较短，除非有另一来源抵消其流失。一组通过不同研究方法进行的谨慎估算表明，二氧化碳的周期为5000年至18000年[1]，加权平均值为10000年。在此计算中，我们仅将结晶岩层的蚀变纳入考虑范围。在估算中，我们还纳入了目前地理学上普遍认可的变质速度。这些估算数值可能过高，

---

　　[1] 此计算由A.W.惠特尼、H.F.贝恩（H.F.Bain）、J.P.古德（J.P.Goode）、塞谬·韦德曼（Samuel Weidman）、C.F.托尔曼（C.F.Tolman,Jr.）及作者共同完成。

即使将这些数值乘以某一因数，如果没有对二氧化碳提供补偿的来源，我们将面临的就是大气层中这一重要要素的过早耗尽。

然而，存在能够直接为二氧化碳提供补偿的来源。海洋中储存着一个大气层。海洋的每个构成要素都可能曾经是、也可以再次成为大气层的组成成分。在大气研究中，应当将海洋视为潜在的大气层。根据目前最精确的数据，海洋中的二氧化碳含量约为大气层的 18 倍。但是，即使这一储备完全可以被利用，从地质学的角度来看，有利于延续二氧化碳周期的大气条件存在的期限非常短。尽管这一灾难的威胁能够唤起人们的关注，并消除根深蒂固的偏见，但是它并未成为一种科学论据。

我认为，在对古生代和新生代大气层进行全面比较后，未有结果显示出两个时期大气层构成的根本差异。格陵兰岛北部地区的木兰属植物群显示，第三纪温暖气候的分布面积与古生代时期几乎相同。罗伊施（Reusch）宣布，挪威北部在古生代前一时期的结冰现象显示当时的大气层与新生代一样稀薄，此研究结果已由斯特拉恩（Strahan）证实。印度、澳大利亚和南非南北纬 20° 之间的赤道地区在古生代末期曾出现结冰，有迹象表明此时期的热低压比新生代末期更强。在古生代时期，中纬度地区的盐沉积，特别是在密歇根州和纽约州地区，似乎表明当时的干旱程度与之后的不同时期类似。如今，这一地区已被五大湖重新覆盖。尽管对赤铁矿石岩层的阐释尚面临诸多困难，但是广阔的赤铁矿石岩层也显示类似事实，它们与含有褐铁矿的岩层形成对照。

在脱离理论假设的情况下，将先后出现的不同历史时期进行比较，这似乎无法清楚说明二氧化碳含量的显著变化。可以肯定的是，呼吸空气的生命体出现的时间不早于古生代中期，而且通过这些最原始的生命形式，我们无法断言它们未受到过量二氧化碳的影响。陆地生命出现较晚，这很可能是由于它们在进化过程中遇到了困难。为此，我们无须回顾关于当时大气层的状况不利于陆地生命进化的理论。

可是，如果计算由于碳酸盐和煤矿的形成而从大气中抽离的碳的数量，并根据习惯的方式将这些碳在大气层中复原，我们可以由此得出一个体积庞大、密度过高且过于炎热和潮湿的大气层。据估计，石灰岩和煤矿中的二氧化碳含量为如今大气层中二氧化碳含量的12000—15万倍。根据我自己的估算结果，我认为此数值介于2万—3万倍之间。通过这些估算结果，我们无法追溯到比古生代更久远的时期。此外，前寒武纪的石灰岩和煤矿仍然为未知因素，我们应当在这些估算中纳入对此因素的考虑。自从需氧生命体出现以来，从大气层中抽离的碳的数量很可能是目前数量的8000—10000倍。这不可避免地提出一个问题：这些数量庞大的二氧化碳，或者至少其中大部分，是否从未在过去某个特定时间进入大气层？

解答此问题的一个方法是假设大气层体积在过去并非如此庞大，而且在不同地质时期中，它的体积既有扩充也有减少，所以大气层在历史上既有稀薄的时期，也有浓稠的时期。人们已在某种程度上接受这一观点，但是本文的一个意图就是希望在此研究方向上提出更自由的假设。

原始大气层体积庞大。目前，我们对原始大气层的认识并不是来自于对从中抽离的物质进行计算，而是关于地球起源和早期历史的理论观点。人们普遍认为太阳星云理论能够解释地球的起源。即便此理论中关于气体阶段的要素饱受质疑，仍然有人接受假设原始地球为液体状态的理论及这一理论的所有推论。如果原始地球完全为液态，乍看之下，我们没有充分的理由质疑以下推论：目前的水圈曾为构成大气层的主要部分。但是，事实并不一定如此。此假设可以进一步扩展，海洋和现今大气层的一大部分由液体岩浆冷却时发出的蒸气及来自空间的蒸气所形成；然而，我想再次对原始液态大气层的假设提出质疑。我不打算证明这一假设是错误的，但我怀疑它并非建立在足够坚实的理论基础之上。人们毫不犹豫地从中推断出的更多假设，而此假设的理论基础无法为它们提供解释。我们总是有理由质疑星云假说，并将陨石假说的某些要素纳入考虑范围。星云假说将大量引人注目的事实联系在一起，并对科学界的信念发挥着重要影响。但是，近来，此假说的一些核心支柱受到削弱，甚至被全面颠覆。为此，我们对五千个已知星云开展研究，以寻找它们之间的相似之处。在这五千个星云中，仅有极少数量，甚至几乎没有星云能够清晰、完整并严格地解释拉普拉斯所提出的、演化过程中形成的旋转环。在仙女座星系出现时，人们非常欣喜地收集了照片，以解释拉普拉斯的假设。在深入分析后，这些照片似乎只能以模糊且笼统的方式支持此假设，甚至完全无法支持。根据土星旋转环得出的解释和类比显得微不足道。在经过分光镜测试后，我们发现它们由不易被察觉的固体颗粒构成，而非由气体构成。罗歇（Roche）的研究为此理论提供了新元素。尽管它们的形状符合拉普拉斯旋转环假说，但是无法为关于气体阶段的理论提供任何支持，更无法支持整套理论。我们的主要兴趣点并非抽象的理论，而是关于地球原始时期的具体推论。因此，在星云假说中，有一部分理论认为太阳收缩过程中分离出地球—月球环，让我们假设此部分假说准确无误，或者说很可能成立。那么，我们通常假设的后续阶段是否连续且符合逻辑？

这个旋转环的辐射面积广阔，构成它的气体非常稀薄，温度非常高且足以使其耐高温的成分保持气体状态。这表明，此旋转环通过热量的流失，迅速从蒸气状态变为固态。此类旋转环似乎不太可能在很长时间内维持气体状态，而这是它聚合为球体的必要条件。

一个更重要的质疑是关于气体分子在此种条件下的高速

运动。约翰斯通·斯托尼博士 [1]（Dr Johnstone Stoney）和其他学者曾尝试论证，小行星的吸引力不足以使分子高速运动的气体维持在其表面，例如水蒸气。这一事实恰好为卫星和小行星上无法探测到大气层存在提供了解释。我们将类似推论应用于原始地球的条件，所得出的结果非常令人吃惊。我认为完全有理由在此概述具体结果。

每个天体的吸引力均足以将抛射速度低于某一界限的分子维持在其表面。在重新落地之前，以此速度抛射出的分子按照椭圆形轨迹运动。在此界限上，这些分子的轨迹呈抛物线状，而且不会重返地面。由此，我们得出"抛物线速度"这一表达（编者注：如今普遍称为"逃逸速度"），它指的是某一星体将分子抛出后，分子不再返回其表面所需的速度。

---

① 《关于地球大气层缺乏氢气以及月球缺乏空气和水的原因》（*On the Cause of the Absence of Hydrogen from the Earth's Atmosphere and of the Air and Water from the Moon*），都柏林皇家学会（Royal Dublin Society），1802 年。在本论文出版后，我阅读了斯托尼博士下一篇论文的初稿：《关于星体与卫星的大气层》（*Of Atmospheres upon Planets and Satellites*），都柏林皇家学会，第六卷，第 13 部分，1897 年 10 月 25 日。在这篇论文中，作者更详细地阐述了其研究，更有力地支持了他的各项结论。他考虑到赤道外围地区的旋转速度，并将西风视为有利于抛射的辅助因素，而本文的讨论忽略了这些因素。他还引入一个非常强有力的论据，此论据的立足点是目前大气层中不存在氢气，因为如果此种气体未由于其化学惰性而从空气中抽离，它应当在大气层中不断积累。

244 地球表面的抛物线速度约为每秒 6900 英里（1118127 厘米）。如果一个分子以此速度或以更高速度被抛射出，它将不会再返回地球表面。抛物线速度仅是有效重力的一种表达，不仅取决于此星体所含有的物质的量，也取决于物质的分布和其他属性。表 1 由 F.R. 莫尔顿先生[①] 与我共同制作。如表 1 所示，抛物线速度随海拔的上升而降低。

表 1 地球中心以上不同高度（x）的抛物线速度（Vp'）（不考虑地球自转的效应*）

高度	抛物线速度
当 x（地球中心以上高度）=0	$Vp' = +\infty$
当 x=r（地球半径）	Vp'= 11181.3 米/秒
当 x=7×10^6 米	Vp'= 10672.5 米/秒
当 x=8×10^6 米	Vp'= 9983.2 米/秒
当 x=9×10^6 米	Vp'= 9412.2 米/秒
当 x=10^7 米	Vp'= 8914.1 米/秒
当 x=12×10^6 米	Vp'= 8151.2 米/秒
当 x=14×10^6 米	Vp'= 7546.6 米/秒
当 x=17×10^6 米	Vp'= 6848.4 米/秒
当 x=20×10^6 米	Vp'= 6313.9 米/秒
当 x=25×10^6 米	Vp'= 5647.3 米/秒

① 莫尔顿先生现为芝加哥大学天文学助理教授。

高度	抛物线速度
当 $x=30 \times 10^6$ 米	$Vp' = 5155.3$ 米／秒
当 $x=40 \times 10^6$ 米	$Vp' = 4464.6$ 米／秒
当 $x=60 \times 10^6$ 米	$Vp' = 3645.3$ 米／秒
当 $x=10^8$ 米	$Vp' = 2823.7$ 米／秒
当 $x=15 \times 10^7$ 米	$Vp' = 2305.5$ 米／秒
当 $x=5 \times 10^8$ 米	$Vp' = 1262.8$ 米／秒
当 $x=25 \times 10^8$ 米	$Vp' = 564.7$ 米／秒

$$* V_p' = \frac{\sqrt{2gr^2}}{\sqrt{x}}$$

$$Log\ 2g = 1,292\,344\,7$$

$$2g = 64,32\ pieds = 19,604\ mètres$$

$$Log\ r^2 = 13,609\,284\,2$$

$$r = 6\,377,377\ mètres$$

$$Log\ \sqrt{2gr^2} = 7,450\,814\,4$$

此外，地球自转的离心分量使抛物线速度减慢。此效应在莫尔顿先生计算的表 2 中显而易见：

表 2　地球中以上不同高度（x）的抛物线速度（Vp'）（自转周期为 23 小时 56.067 分钟 *）

高度		抛物线速度
当 x（地球中心以上高度）=0		$Vp' = + \infty$
当 $x=r$（地球半径）		$Vp' = 11181.27$ 米／秒
当 $x=7 \times 10^6$ 米	4349 英里	$Vp' = 10672.49$ 米／秒
当 $x=8 \times 10^6$ 米	4972 英里	$Vp' = 9983.16$ 米／秒
当 $x=9 \times 10^6$ 米	5593 英里	$Vp' = 9412.15$ 米／秒

高度	抛物线速度	
当 $x=10 \times 10^6$ 米	6214 英里	$Vp' = 8914.05$ 米 / 秒
当 $x=12 \times 10^6$ 米	7457 英里	$Vp' = 8151.14$ 米 / 秒
当 $x=14 \times 10^6$ 米	10700 英里	$Vp' = 7546.52$ 米 / 秒
当 $x=17 \times 10^6$ 米	10564 英里	$Vp' = 6848.31$ 米 / 秒
当 $x=20 \times 10^6$ 米	12428 英里	$Vp' = 6313.79$ 米 / 秒
当 $x=25 \times 10^6$ 米	15544 英里	$Vp' = 5647.17$ 米 / 秒
当 $x=30 \times 10^6$ 米	18643 英里	$Vp' = 5155.14$ 米 / 秒
当 $x=40 \times 10^6$ 米	24857 英里	$Vp' = 4464.39$ 米 / 秒
当 $x=60 \times 10^6$ 米	37286 英里	$Vp' = 3644.98$ 米 / 秒
当 $x=100 \times 10^6$ 米	62144 英里	$Vp' = 2823.17$ 米 / 秒
当 $x=150 \times 10^6$ 米	93216 英里	$Vp' = 2304.70$ 米 / 秒
当 $x=500 \times 10^6$ 米	310720 英里	$Vp' = 1260.14$ 米 / 秒
当 $x=2500 \times 10^6$ 米	1553600 英里	$Vp' = 551.40$ 米 / 秒
当 $x=10000 \times 10^6$ 米	6214400 英里	$Vp' = 229.19$ 米 / 秒
当 $x=30434 \times 10^6$ 米	18902905 英里	$Vp' = 0.00$ 米 / 秒

$$* \quad V_p' = \frac{\sqrt{2gr^2}}{\sqrt{x}} - \frac{4\pi^2 x}{t^2} \qquad\qquad t = 23\,\mathrm{h}\,56{,}067\,\mathrm{min} = 86\,164\,\mathrm{s}$$

$$\mathrm{Log}\sqrt{2gr^2} = 7{,}450\,814\,4 \qquad\qquad \mathrm{Log}\frac{4\pi^2}{t^2} = 9{,}725\,708$$

表 3 是地球中心以上不同高度（x）的抛物线速度（V_p'）（自转周期为 1 小时 24 分钟，自转离心分量等于赤道表面的重力加速度）。

表 3　不同高度抛物线速度

高度	抛物线速度
当 x（地球中心以上高度）=0	$Vp' = +\infty$
当 x=r（地球半径）	$Vp' = 11171.39$ 米 / 秒
当 $x = 7 \times 10^6$ 米	$Vp' = 10661.69$ 米 / 秒
当 $x = 8 \times 10^6$ 米	$Vp' = 9970.8$ 米 / 秒
当 $x = 9 \times 10^6$ 米	$Vp' = 9398.2$ 米 / 秒
当 $x = 10 \times 10^6$ 米	$Vp' = 8898.5$ 米 / 秒
当 $x = 12 \times 10^6$ 米	$Vp' = 8132.5$ 米 / 秒
当 $x = 14 \times 10^6$ 米	$Vp' = 7524.8$ 米 / 秒
当 $x = 17 \times 10^6$ 米	$Vp' = 6822.0$ 米 / 秒
当 $x = 20 \times 10^6$ 米	$Vp' = 6282.8$ 米 / 秒
当 $x = 25 \times 10^6$ 米	$Vp' = 5608.4$ 米 / 秒
当 $x = 30 \times 10^6$ 米	$Vp' = 5108.7$ 米 / 秒
当 $x = 40 \times 10^6$ 米	$Vp' = 4402.4$ 米 / 秒
当 $x = 60 \times 10^6$ 米	$Vp' = 3552.0$ 米 / 秒

高度	抛物线速度
当 x=100×10^6 米	Vp'= 2668.3 米 / 秒
当 x=150×10^6 米	Vp'= 2072.4 米 / 秒
当 x=500×10^6 米	Vp'= 485.7 米 / 秒
当 x=691×10^6 米	Vp'= 0.0 米 / 秒

$$\star\ V_p' = \frac{\sqrt{2gr^2}}{\sqrt{x}} - \frac{4\pi^2 x}{t^2} \qquad \mathrm{Log}\sqrt{2gr^2} = 7,450\,814\,4$$

$$t = 1\,\mathrm{h}\,24\,\mathrm{min} = 5\,040\,\mathrm{s} \qquad \mathrm{Log}\frac{4\pi^2}{t^2} = 6,191\,498\,7$$

分子运动速度随温度的变化而变化。A.W. 惠特尼先生与我共同制作了表 4，列出了温度介于 0℃ 与 4000℃ 之间的速度。

表 4　在正常压力的条件下，不同温度时的分子运动平均速度，单位为厘米 / 秒

	0°	100°	1 000°	1 250°	1 500°	2 000°	3 000°	4 000°
H_2	169 611	198 257	367 258	400 428	432 243	489 410	587 282	671 029
H_2O	56 522	66 067	122 054	133 501	144 042	163 093	195 707	223 619
CO_2	33 259	38 876	71 819	78 556	84 759	95 965	115 160	131 580
O_2	39 155	45 768	84 551	92 482	99 786	112 983	135 576	154 907
N_2	41 735	48 784	90 122	98 574	106 359	120 425	144 508	165 115

在特定温度下，气体分子的运动速度为平均值，但是此值并不表达单个分子的实际运动速度。通过某些分子之间的互动，它们的运动速度可能变缓，直到降至零，而其他分子的速度则加快，直到无穷大。从理论上讲，这两个界限都可能达到，但是仅有在间隔时间非常长以至于可以被忽略的情况下，才能达到极高的速度。然而，在有利的条件下，以较

高的频率抛射大部分气体时，速度也可以出现大幅提高，因为每个分子都能够相继达到较高的速度。

上文给出了分子运动的平均速度。对于达到或超过此速度某一倍数的分子，表 5 列出了其比例[1]。

表 5　温度介于 0℃和 4000℃之间的条件下，运动速度等于（或超过）平均速度某个倍数的分子比例

分子比例	不同温度下，乘以 0℃分子平均速度					
	t=0℃	t=1000℃	t=1500℃	t=2000℃	t=3000℃	t=4000℃
4.7×10^{-1}	1	2.2	2.5	2.9	3.5	3.9
1.7×10^{-2}	2	4.3	5.1	5.8	6.9	7.9
4.2×10^{-5}	3	6.5	7.6	8.7	10.4	11.9
7.4×10^{-9}	4	8.6	10.2	11.5	13.9	15.8
9.7×10^{-14}	5	10.8	12.7	14.4	17.3	19.8
9.6×10^{-20}	6	12.9	15.3	17.3	20.8	23.7
7.2×10^{-27}	7	15.1	17.8	20.2	24.2	27.7
4.2×10^{-35}	8	17.3	20.4	23.1	27.7	31.7

[1]　此表格得益于瑞斯汀（Risteen）确立的公式 [*Molecules and the Molecular Theory of Matter*（《分子与物质分子理论》），pp. 24-28]，这些公式建立在麦克斯韦（Maxwell）的研究基础上。部分分子的运动速度很快，这是立足于一些并不完善的数据而进行的数学推理。可以肯定的是，与实验演示相比，我们应当认为这些数据缺少确实性。然而，由于缺少可用的实验演示方法，我们可将这些推理视为目前可获得的、最精确的粗略估计。在麦克斯韦的著作《热量理论》（*Theory of Heat*）第 314 至 316 页，我们可以找到一段简短且非数学的解释。对于一些混合气体和特殊情况，有必要对这些结果进行修改，但是我们认为这对总体上的思考无足轻重。

分子比例	不同温度下，乘以 0℃分子平均速度					
	t=0℃	t=1000℃	t=1500℃	t=2000℃	t=3000℃	t=4000℃
1.9×10^{-44}	9	19.4	22.9	25.9	31.2	35.6
6.5×10^{-55}	10	21.6	25.5	28.9	34.6	39.6

零度水蒸气分子的平均速度为 56522 厘米 / 秒。表 5 列出了此速度的倍数，当某特定比例的分子维持在某种特定温度时，它们能够在任何特定时刻达到这一速度。比如，表 5 中，在一种温度为 0℃的气体中，4.7×10^{-1}（或者 47%）的分子运动速度高于零度时的平均速度；在温度为 1000℃的气体中，47% 的分子速度至少为零度平均速度的 2.2 倍；在温度为 1500℃的气体中，相同比例的分子速度为零度平均速度的 2.5 倍，等等。为使这些分子的速度达到地球的抛物线速度，因数应当约为 19.8（由于地球表面的抛物线速度为 1118127 厘米 / 秒，1118127/56522 约等于 19.8）。表 6 显示达到或超过此速度的分子比例（取最接近 19.8 的数值）。

表 6　分子比例

温度（℃）	分子比例
1000	1.9×10^{-44}
1500	4.18×10^{-35}
2000	7.22×10^{-27}

温度（℃）	分子比例
3000	7.58×10^{-20}
4000	9.7×10^{-14}

现在，确定所有分子达到地球抛物线速度的平均频率至关重要。每次碰撞时，微粒的速度都发生变化。因此，计算变化完成所需时间的公式为 $1/(NP_m)$，N 为零度且正常压力时每秒内的碰撞次数，P_m 为在零度且正常压力下达到抛物线速度的分子比例。

麦克斯韦说明了零度、正常压力下微粒每秒的碰撞次数，氢气为 17750000000 次，氧气为 7646000000 次，二氧化碳为 9720000000 次。对于水蒸气微粒的每秒碰撞次数，我未找到可靠的估计，但是此数值与氢气、氧气微粒碰撞次数之间的关系可能与它们运动速度之间的关系相同，乘以某个代表分子大小所产生的影响的因数。在此，我假设在零度且正常压力下，水蒸气分子的碰撞次数为每秒 10000000000 次。我们可以很容易地将结果适应于更接近实际数值的任何其他数值。碰撞次数也随气体密度的变大而增加。在大气层含有地球所有水分的理论情况下，密度可能为正常密度的三百倍。在上层大气层，密度可能较低，一个相当于正常密度百分之一的数值可以代表这些地区的情况。

假设水蒸气分子的碰撞次数为每秒 10^{10} 次，使所有分子均达到地球抛物线速度所需的期限见表7。

表7　期限对比

温度（℃）	正常压力	正常压力的1/100	正常压力的300倍
1000	1.7×1026 年	1.7×1028 年	5.7×1023 年
1500	7.6×1016 年	7.6×1018"	2.5×1014"
2000	4.3×108 年	4.3×1010"	1.4×106"
3000	33 年	3300 年	40 天
4000	1030 秒	28.5 小时	3.4 秒

在液态地球继气态地球而来的经典假设中，地球从液态向气态变化的过程中存在地球耐高温物质的凝结阶段。在此阶段，大气层温度可能超过4000℃。在此研究阶段后，温度可能降至2000℃，甚至2000℃以下，然后地壳开始出现，外部不再呈液体状态。因此，我们可以假设，地球为液态时的温度可能介于4000℃—2000℃之间，甚至更低。我们可以基于此假设对上表的数据进行阐释。

对于液体星球表面的分子而言，如果仅需在可支配的时间内达到比地球此地抛物线速度更高的速度，这可能使在最炎热的时期对水蒸气的保留非常不利，但是大部分水蒸气在更寒冷的时期均可以继续存在，除非寒冷时期非常短暂。然而，还需考虑其他因素。即使在最有利的条件下，仅有部分速度高于抛物线速度的分子可能流失，因为并非所有分子都在使它们远离地球的轨迹上。此外，与上方微粒的互动可能经常阻碍分子向空间的抛射。处于下层大气层的分子没有互动。因此，问题在于下层温暖大气层的高速运动在何种程度上影响着上层大气层，这可能导致出现抛射。液态地球上层大气层的分子速度取决于某些因素，我们无法从寒冷地球的基础上对这些因素进行可靠地推理。显而易见，我们必须假设上升空气分子的运动速度根据上升运动或丧失的能量而降低，但是在对流运动中，空气的某些部分吸收能量，而不产生能量，所以不会由于上升运动而丧失流量。围绕液态地球的上层和下层大气层之间的空气交换很可能非常剧烈，可以想象在太阳上观测到的爆炸性对流可能是惯常的作用方式。由于大量的热气流被喷射向大气层外边界，分子的抛射似乎是很可能的，或者说是不可避免的，尽管其作用方式更加缓和。此外，目前的星云假说似乎还说明，在耐高温气体凝结并脱离大气层的期间，上层大气层曾经历过非常炎热的阶段，这些耐高温气体如今构成地球的固体物质。

以其目前的形式来看，这一问题似乎仍然悬而未决。在温度介于3000℃至4000℃之间的时期，大气层极可能丧失了一大部分气体。此外，如果此高温时期并未持续很长时间，大气层的剩余物很可能被保留下来。如果大气层的一大部分气体一直存在至温度接近岩石熔点的时刻，此部分气体也很可能被保存下来。

　　抛物线速度根据地表以上高度的增加而降低。迄今为止，人们忽略了源自于这一事实的考虑。正如上表所示，在大气层厚度很低的情况下，这些考虑并不具有重要意义。然而，在大气层剧烈膨胀的情况下，它们可能至关重要。的确，想要估算包含整个水圈的过热大气层的厚度可能非常危险。但是，随着高度增加，抛物线速度降低。上层大气层似乎可能在很大程度上受到抛物线速度降低的影响。此外，要补充的一点是，地球自转速度的影响，当时的自转速度普遍很快。正如星云假说和裂变假说所假设的，在月球的抛射过程中，赤道地带的地球引力可能几乎被自转离心效应所抵消。这可能导致了大气层在此地带的急剧膨胀，因此相应地减少了地球保留较高纬度地区的力量。很难想象月球与地球分离的过程中未带走大气层，当然，除非分离发生时，两个星体均完全呈气态，且大气层的组成成分分散于整个气团中。然而，即使在这种情况下，地球之后的收缩也应当加快了自转速度，以至于很难保留外层赤道大气。

　　还有一种推论也可能具有决定性意义——水的离散。斯托尼博士断言，即使在当前情况下，地球也无法保留住氢气。尽管可以通过其他方式解释此结论，但它与氢气在大气层中存在不稳定的事实相符。[1] 当温度为 1000℃，所有氢气分子每秒可能有几十万次达到地球的抛物线速度。然而，假设地球为液态，地球温度很可能达到和远远超过水蒸气实际离散所需的温度。水的离散可能由于高速运动的分子间剧烈的碰撞，并发生于某一温度，甚至是较为温和的温度。[2] 离散的分子比例随温度的上升而大幅增加，直至超过重新构成的分子比例，以至于离散可以是完全或接近完全的。关于实际离散所需的温度，学者的看法不一。常见的估计为上文中液态地球温度范围的下半部分。如果液态地球的温度比当前假设所要求的同样高，水蒸气的离散不可避免，尽管氢气易于重新构成，但也可能发生氢气的流失。

如果假设的液态地球温度无法保留大气层，对于拉普拉斯假设的地球耐高温物质挥发相对应的温度，地球可能更无

---

① 在他的上一篇论文中，作者在很大程度上避免了论据的薄弱性。由于氢气很容易与大气层中的氧气结合，大气层中不存在氢气，立足于此观点的论据非常薄弱。他将论据主要建立在缺乏氦气的基础上，氦气在化学上为惰性气体。由于温泉发出少量氦气，我们推断，在漫长的地质时期中，如果地球未抛射氦气，氦气应当缓慢积累，直到达到可观的数量。由于氦气分子质量为氢气的两倍，已证明当前温度下的"最低控制速度"（编者注：即最低逃逸速度）低于原子质量为氢气两倍的气体分子的运动速度。

② Risteen, A.D., *Molecules and the Molecular Theory of Matter*（《分子与物质分子理论》），pp. 50-51.

256 　法保留大气层，因为这些温度可能不仅导致分子速度的大幅度增加，在抛物线速度降低的地区，物质的膨胀可能导致地球的外边界向后退。

如果物质的分布更加分散，以至于形成拉普拉斯假说中的巨大气态旋转环，这可能大大巩固从分子速度得出的论据，因为地球的耐高温物质需要极高的温度才能继续存在于被稀释的气环中，而且被严重稀释的星体的抛物线速度可能极低。除非建立在分子速度之上的论据是错误的，且不假设在有效动力学关系限制以外的单个分子之间距离很小，地球—月球气环假说似乎不可能成立。在这种情况下，很可能出现快速冷却，气环的耐高温物质似乎只能转化为截然不同的固体星体，除此以外，别无其他的可能性。

我对这些推论非常感兴趣。根据从分子科学得出的合理推断，我决定将关于假设大气层源于气态或液态原始地球的推论列入不确定推论中，并在我的研究假设中增加一条与此对立的假设。

然而，对于原始地球呈液态且具有广阔大气层的假设，这并不是唯一能够对其真实性提出质疑的方法。其他原因让我们承认，陨石假说关于地球起源的某些方面也可能成立。至于吸积陨石是否导致形成液态地球，这取决于其撞击地球的频率与强度。如果不同撞击之间的间隔足够长，热量将消散。从理论上来讲，只要未证明聚合的过程很迅速，地球温度较低或较高均是可能的。我们有理由假设，如果地球—月球环确实形成了，它在脱离旋转环的状态前，温度下降并形成不同的固体微粒。然而，旋转环似乎没有任何导致其突然收缩形成球状形体的内在条件。相反，研究这种旋转环所面临的问题是，找到能够导致其收缩的原因。

关于此收缩发生的方式问题，尚未有答案。[1] 然而，有两

---

[1] 即使这一问题超过了地质学家的领域，因为它涉及对陨石聚合提出反对假设，但是我已开始对此进行一些推论。在固体旋转环上，外层与内层运动速度快。如果旋转环断裂或凝结成球状，旋转方向应为逆时针。然而，在小行星旋转环上，如果不同的同心圆轨道对称地相互靠近，以至于内层小行星一律或经常与外层小行星的内面发生碰撞，内层小行星比外层小行星速度快，这时就会出现反向旋转。然而，除天王星与海王星外，这种情况与太阳系的事实相矛盾［参见《论世界的起源》(Faye, Sur l'origine du monde), 1896, pp. 165, 270-281］。然而，除外层行星以外，这不可能是吸积的方式。小行星彼此之间的万有引力非常小，且在此中条件中，表现为互相干扰［参见《土星环运动的稳定性》(On the Stability of Motion of Saturn'sRings), Scientific Papers de James Clerk Maxwell, vol. I, pp. 288-376］，而正如行星轨道的椭圆度所显示的，大行星之间的干扰影响非常显著。即使在开始时，假设存在的地球—月球环中微粒或小行星轨道几乎为圆形或同心圆，外层行星的共同吸引力也可能使轨道变为椭圆形。但是它们的拱线并不相符，并且之后可能出现较不一致的变化。因此，我们可以想象这些轨道可能相交，这可能导致碰撞。但是，仅当外层轨道上距离近日点较近的部分与内层轨道距离远日点较近的部分重合时，外层轨道才能切断内层轨道。此外，在外层轨道近日点的星体比内层轨道远日点的星体移动速度快。因此，在碰撞中，外层星体的平均速度更快，碰撞后的旋转方向为逆时针。由于此推论适用于内层行星，而不适用于外层行星，且内层行星逆时针旋转，而外层行星很可能以相反方向旋转，它的优点是使事实相符。

点是确定的：首先，过程非常缓慢，每次碰撞产生的热量可能在下次到来前丧失殆尽；其次，发生的可能并非正面碰撞，而是两个速度几乎相同的星体彼此接近，产生的热量相对较低。因此，聚合可能在温度并非普遍偏高的情况下发生。如今，地球的吸积作用表明，地球生长可能无须显著变热。

根据星云假说的一般观点，我们可以假设地球在生长期时，表面温度相对较低。在修改速度和吸积力假设的同时，我们还能够相应地修改关于地球温度的结论。因此，理性假设得出的数值范围似乎很大，我们强调，如今，承认此数值完全可以在此巨大的幅度内波动对研究大有裨益。

尽管我们质疑目前的认识，我们应当提出考虑到大气层和内部热量的其他替代理论。因此，让我们简要地回顾假设中的行星生长，此行星由许多小星体缓慢聚合形成，这些小星体的撞击速度较低，并导致温度稍微上升。举一个极端的例子，以便更清楚地阐释其中遇到的困难。假设入射微粒很小，且撞击频率较低，无法导致较高的表面温度。此星体不断生长，直到达到月球的大小，这可以被理解为对月球历史的假设。月球发生的现象可以衡量此假设的准确度。然而，即使地球由吸积作用构成，月球可以通过裂变形成。在生长期早期，重力很小，我们可以假设聚合体尚未凝结。火山弹、火山砾及火山灰的聚合体可能构成最接近地球的物体。入射微粒很显然带来了大气中的物质，这些物质在微粒固化的过程中被封闭在内部，或被其孔隙吸收，也可能依附在其表面。通过对陨石的分析，我们可以假设这一数量非常大。在空间中自由移动的气体分子可能进入聚合体，或被多孔隙的星体吸收。如果前文所述的推论是正确的，尽管大气层并非完全不存在，只要星体未超过月球大小，这些分子就无法形成庞大的大气层。随着质量变大，星体中心压力增加，而且压力的增加导致星体中心产生相应的热量。我认为，内部热量主要能够通过自凝结来解释，自凝结是亥姆霍兹（Helmholtz）的太阳理论对固体星体的应用。毫无疑问，潮汐力量和化学过程也发挥了作用。当星体质量达到月球的质量时，必然会出现一个问题，月球可能是这一问题中的典型，应当对其进行计算。如果在聚合物尚未凝结的状态，气团的比重为2。而且如果它尚未自凝结，此数值能够达到3.4（月球的平均比重）。假设比重为0.2，凝结作用在整个气团可能产生的热量使温度达到3900℃，这仅是非常保守的估计。我感激莫尔顿先生完成了这些计算。为简化计算，假设凝结作用与热量的分布是均匀的。根据拉普拉斯的公式，热量最初的分布可能取决于压力的平方根。由于计算出的温度为压力条件下岩石平均熔点的两倍，对于月球上留有痕迹的所有火山现象，此温度均有充足的余地，而且它对随时间推移而出现的热量流失也留有充足的空间。

　　假设在大气形成前的生长阶段，外部温度低于零。行星达到了月球的大小，我们可以想象其结构包括：①高密度的中心部分，在压力的作用下，此部分温度极高，如果压力降低，它很可能液化；②温度较低且结构欠密集的区域，甚至可以达到多孔隙的状态；③表面为尚未凝结的开放聚合体。由于月球的平均比重（3.4）较低，我们推测多孔隙的外层区域纵深很大，而且易于渗透。我们假设中心的热量和压力导致中心封闭的一部分气体和蒸汽排出，而且这些气体和蒸汽被推至外层多孔隙的部分，此处的温度很低，与目前的月球温度相当，这导致水蒸气在物质的缝隙中凝结，行星整体上基本是由冰霜杂基连接在一起的。此外，我们还假设，中心的凝结伴随着物质的运动，如扩散、分异或收缩，我们可以观察到如今还在地球上出现的变形现象和岩浆喷发。金属氧化物的减少以及熔岩渣向表面的移动可能是此过程的结果。燃烧的岩浆每次进入蒸汽结冰的区域，有利于大量蒸汽形成的条件就会出现。覆盖蒸汽的气团呈碎片状，这些蒸汽暂时保留在气团中，可能发生爆炸。我们猜想这种星体的特别构造可能导致非常剧烈的爆炸，正如曾在月球上发生的爆炸一样，月球上覆盖着众多奇特的火山口。实际上，这种假设来自于对这些火山口的研究，而并非来自于假设中构建的星体特别构造。这些大型洞孔与地球表面上十分罕见的、发生爆炸的火山口类似。

　　毋庸置疑，当体积不断变大的地球能够在很大程度上控制流失或吸收的气体时，地球进化的前大气阶段就结束了。这种控制能力在某种程度上存在于所有阶段，因为即使是小行星，如果它保持较低的温度，也能够控制起初速度较慢的气体。当地球达到月亮的大小后，对于零度平均分子速度比陆地气体高的气体，如果它们的速度并未由于分子之间的互动而加快，它们可能不会流失。如果气体非常稀薄且表面非常寒冷，速度不会加快。因此，关于分子的推论无法证实月球表面完全没有大气层，相反，却可以证明存在极稀薄的大气层。当地球达到水星大小时，有效控制就开始出现了。从此刻起，分子速度减慢的蒸汽和气体开始在表面积累，因此标志着外层大气层的实际形成。当大气层吸积作用达到能够保留一定数量的太阳热辐射，以使表面温度超过冰点时，水圈开始形成，并缓慢发展，我们看到出现熟悉的、与地表水相关的现象。地表在很短的时间内，变得不再琐碎，形成新的陆地形状；地下结冰区消失，火山活动成为陆地现象。

我们能够注意到，这一假设与惯常的认识截然不同，认为大气层的历史始于稀薄的包裹体，此包裹体的厚度在之后缓慢地增加。根据本文详细描述的假设，大气层来自于地球内部。在地球达到所需体积后，空间中自由移动的气体由于重力作用而聚合。大气层外部来源的规模几乎只能猜测，其可能性尚未确定，无须在此讨论。我们仅说明，分子抛射假说涉及的空间为自由移动的分子构成。

　　显而易见，根本问题是地球内部能够在何种程度上形成一个大气层。不幸的是，我们几乎不具备关于这一问题的特定量化数据。正如通过火山活动和深成岩（在地球深处形成的岩石）细小孔隙内的物质所观察到的，地球内部存在着数量可观的大气物质，但是我们不知道其中来自地表的物质比例。如果月球从未形成过大规模的外部大气层，其爆炸性的火山喷发就并非由于来自地表的渗透，而数量众多且巨大的火山口可能产生的影响也变得较为清晰了。同时，我们还可以从陨石中作出推论，它们有时包含几倍的气体体积以及能够转化为大气组成成分的固体物质。尽管如此，我们只能对非常模糊的量化概念加以发挥。然而，我们很可能将所需的数量过高估计了。大气层与海洋加在一起，质量仅为地球的1/5000。要形成大气层，入射物质包含的大气和水性物质应当不超过百分之一的1/50，在此基础上，还要乘以因数，抵消失去的物质和仍然保留在地球内部的物质。根据现有的认识水平，此数值不够大，不可能推翻我们的假设。

　　地球内部通过自压缩产生热量的能力也是一个关键问题，已有研究对此进行阐述。根据不同方法进行的估算似乎均留有巨大的余地。莫尔顿的估算最可靠，他计算了在仅对抗引力的情况下，将比重为5.6的均匀地球物质抬高至比重降至3.5的高度所需的能量。这比目前月球的比重高，很显然是非常谨慎的估计。此物质的降落可能足以使其整体（平均比重

为 0.2）温度达到 6560℃，即约为地球表面岩石平均熔点的 4
倍。假设原始比重的平均值约为 2，如果考虑到聚合体处于尚
未凝结的状态，此数值更可能为 3.5。如果所有潜在能量都转
化为热量并保留下来，温度可能超过 13000℃。部分能量以
热量的形式表现出来，部分可能流失，还有一部分可能以其
他形式体现。然而，由于热量在地球中心产生，且应经过缓
慢的传导才到达表面，在此期间的热量流失可能较低。另外，
潮汐力量和化学作用导致的摩擦可能增加内部热量，并或多
或少地抵消热量流失。因此，除非聚合速度非常慢，否则自
凝结可能是形成地球内部热量的原因。

尽管这与我的主要目标无关，但是我想指出的是，地球
从未凝结的聚合体逐渐自凝结成为一个密度更大的星体，经
历了一个漫长的过程，而且此过程尚未完成。为解释地球不
规则的表面，这一观点假设地球出现了某种程度的收缩。我
们不仅需要解释地壳在后寒武纪时期的起伏变形以及经常被
忽略的太古代形成的巨大褶皱和挤压，还要解释陆地升高和
板块重叠等现象，而目前的假设在解释这些现象时遇到了大
量的困难。此外，还应找到对密度分布不均的解释。引力观
察已揭示了部分密度数值。从总体上来讲，水圈在地球上的
不对称聚合说明了密度分布不均。根据本文阐述的假设，自
始至终，地球的整体收缩可能导致其体积减少一半，甚至更
多（这显然取决于原始密度）。即便收缩在大多数情况下发生

于已知的地质历史时期开始前，没有理由假设此过程在前寒武纪时期就已结束。部分收缩应当发生于地质历史的进程中，部分应当发生于未来，因为热量的产生、坚硬的外部岩石、星体的快速旋转以及气团的最大程度凝结使凝结的速度放缓，这必然意味着原始地球中均匀分布物质被重新排列，原始地球由陨石构成，并经过扩散、分离、重组、再结晶和其他过程，以使混合的物质更加密集。如果地球在历史上一直为固体状态，这种内部调整必然是一个漫长的过程，而且此过程尚未结束。地球物质的逐渐重新分布对热量流失、旋转速度的变化及目前已确认的其他过程增加了收缩作用。在这一假设中，这些过程起作用的方式与目前已接受的观点相同。

上文描述了以下假设：在地球漫长的历史中，扩散、分化、收缩和万有引力重新调整的过程一直在缓慢发生，此过程如今仍在继续，而且一些物质从压缩和高温状态下的地球中心上升，一直达到地表，地表压力的降低使这些物质液化。如果我们认为此假设是合理的，我们也可以同样轻易地解释液态物质的溢出。

我们还将注意到，当地球达到中等大小时，形成了温度适中的大气层和水圈，这使地球在寒武纪结束很久后到来的时期中，出现了有利于生命体形成的条件，此时间间隔符合生物理论上最严格的要求。凯尔文勋爵（Lord Kelvin）和其他学者的大部分批评论据都不适用于这一假设。

　　关于大气层的问题，我们可以假设一定数量的原始大气层可能与上述吸积假说无关。根据现有的月球形成假说，无论是拉普拉斯的旋转环假说或乔治·达尔文（George Darwin）的裂变假说，都认为高速旋转和高温是形成月球的必要或极可能的条件。我们已经看到，在这些条件下，地球很难保留住大气层。我在均衡所有理论的可能性后，倾向于假设大气层在这些条件下可能被大大削弱。因此，我认为，即使根据地球起源的现有理论，也没有充分的理由支持以下学说：庞大的原始大气层就如同一个容器，之后的地质历史时期中流失的所有热量均来自此容器。我认为可以假设古生代大气层与当时的生命形式和矿层所显示的情况完全相同。我们已借助当今的现象对当时的生命形式和矿层进行了阐释。这些阐释显示的情况与新近的地质时期并非截然不同。在某些时期，高纬度地区的气候温和，而在其他时期，低纬度地区的气候更加寒冷，有时湿润，有时干燥，或者出现此类的其他气候波动。这一观点必然意味着存在其他来源为大气层提供气体，这些来源基本补偿了大气层流失的所有热量。有一种假设认为，一些补充气体对大气层至关重要。这种假设众所周知，但是本文对此假设的发挥将令人感到陌生。

　　如果对这一假设加以扩展，应当确定气体对大气层提供补充和从中抽离的原因、为我们的观点赋予可利用的形式并设计验证此假设的方法，这些都是至关重要的。至于外部补充，我们尚未掌握足够的信息，无法说明它们是否均匀。在很大程度上，内部补充可能与火山喷发有关，此处并不是指气体的唯一来源就是火山喷发，其他进程可能与其同时发生。气体排出可能也与地壳运动有关，尤其是将地表岩石延续性中断的运动，以及通过矿石开采或深成岩显微镜研究所揭示的大量挤压现象。因此，这些现象提供了合理的基础，使我们从中推理出大气层可能获得气体补充的时期。我们可以假设，一次特别重要的气体补充与火山喷发和地壳在全世界范围内的重要变化同时发生。如果此气体排出的过程以及其他可能发生的过程在总体上一致，我们可以假设此次气体补充是均匀的。

我们对气体抽离阶段的阐释可能更加令人满意。首先，不同气体抽离的情况不同。氦气的流失量可能较低，因为它在化学上属于惰性气体。即使对氦气的补充很少，氦气也能够成为大气层的主要成分。地表岩石蚀变导致氧气的显著流失，但是其流失量低于二氧化碳。因此，二氧化碳成为大气层的最小因素，也是关键因素。由于存在大量的液态水，水蒸气的流失不产生任何后果。

其次，气体流失取决于地表岩石暴露于大气层蚀变作用的程度，而蚀变作用则取决于地形。当地面上升，含水层相对于地表出现下降，被大气层渗透的地带深度加大，与被水渗透的地带一样深，水中含有溶解的大气。因此，这种情况有利于岩石变质。当地面未上升或上升幅度较小时——比如，在水的侵蚀发挥决定性作用的时期——大气渗透地区的深度不大，岩石变质的过程缓慢。我们可以从中推理出，在地面下降或受到侵蚀的时期，大气层气体抽离的过程更缓慢。在此，很显然应当考虑到所有受到侵蚀的地表。

现在，为应用此规律，让我们假设气体补充是均匀的，且速度等于气体抽离的平均速度。地面大规模上升期的开端可能标志着一个相对短暂的、气体抽离阶段的开始。正如本文起始部分的引用数据所显示的，在此时期中，气体可能从大气中持续抽离，这可能导致大气层特别稀薄。随着受到侵蚀的地表接近基准面，气体抽离可能变缓。在我们的假设中，补充气体的数量保持不变，气体抽离率可能降至气体补充率以下。于是，一个大气密度较高的时期开始了。地面再次上升可能开启一个新的大气稀薄时期，因此，大气密度或高或低，随着地球表面的总体起伏而发生波动。① 对此规律的单纯应用可能要求，大气层中气体的抽离必须在地面的总体上升

① 从更严格的意义上讲，这里指的是部分地表的起伏变化。在这部分地表上，岩石在变质的过程中消耗大气。笼统地讲，即为遍布结晶岩的地区。在此，我们假设地面周期性地上升，随之而来的是严重的侵蚀阶段。我们有必要在对此研究主题的更深入讨论中解释这一假设的基础。然而，由于篇幅所限，本文无法进行深入的阐述。

阶段之后发生，并保持一定时间间隔。另外，大气层的扩充也必须发生于地质侵蚀或地面下降的阶段结束后的一定时间。

然而，关于对大气层的均匀且平均补充假设值得我们再次仔细研究。在假设中，火山喷发和地壳的剧烈变化促进气体排出，它们很可能与地面上升阶段同时开始，而地面上升阶段导致大气层更加稀薄。从总体上讲，在整个地质历史中，气体补充和抽离曲线均为两条平行线。它们保证大气层的恒定状态。但是，我们在此提出的观点是：它们偶尔的彼此背离能够解释非同寻常的气候变化时期，因为在气候变化后，大气层组成成分会变化，这已是公认的事实。我认为，正如丁达尔和其他学者所支持的，在大气层的气体抽离，特别是关键要素二氧化碳的抽离，以及低温现象之间存在一定的关联。

由于篇幅所限，我们不能在本文中将这一观点应用于地质历史，并进行详细阐述。然而，我们将注意到，在第三纪中，大板块形成，且造陆运动导致地面上升，而更新世的结冰现象在第三纪结束很久后发生。印度、澳大利亚和南非的结冰现象几乎均发生在地壳剧烈变化的时期，而地壳的剧烈变化标志着古生代的结束。迄今为止，由于不确定所涉及的地层是否排列类似，我们无法证明两者间存在明确的关联；

结冰现象可能出现得过早，无法与假设相符。[1]

但是，这至少是一次绝好的、检验这一假设的机会。所有其他关于结冰的假设都难以通过低纬度东部地区结冰过早这一现象的最后考验。如果本文的假设和之前的假设一样无法经过现实的考验，它也会走这些假设的老路。罗伊施和斯特拉恩阐释了挪威北部地区的结冰现象，此结冰现象随前寒武纪的地面上升而出现，但是我们还不了解这两个事件之间的具体关系。

温暖气候在北半球最北部地区的大规模扩展似乎普遍与地质侵蚀时期有关，但是还需确定这种联系是否站得住脚，并显示两者之间存在因果联系。

我们还应提及使大气层变稀薄的另一种机制。S.W. 约翰斯通（S.W.Johnston）博士提出一种观点：如果二氧化碳气体不通过分解过程或动物生命返回大气层，而且植被生长的速度在一百年内相同，大气层中所有的二氧化碳都可能被目前每年不断生长的植被所吸收。[2]然而，动物生命保证一定规模的二氧化碳返回大气层，以至于二氧化碳的长期流失通常被视为可以忽略。尽管如此，此机制会导致二氧化碳的一定流失。正如煤矿所证明的，二氧化碳的流失在某些历史时期数

---

[1] 结冰现象可能与下文即将提及的有机因素有关。

[2]《作物以何为生》（*How Crops Feed*），p. 47.

量非常可观。石炭纪的二氧化碳流失数量非常大，足以将过量的二氧化碳从原始大气层中抽离，以至于导致有害的后果。同理，由于缺少过量的二氧化碳补偿，我们可以认为这些流失导致大气层非常稀薄。至少，我们还应考虑在原始大气层规模有限的理论中，限制有机循环中动物部分发展的条件可能不会使空气过于稀薄，不会严重影响气候；但是，我们不会在本文中对此进行进一步阐述。有机循环对变化非常敏感，且进程非常迅速。

毫无疑问，有机循环将在很大程度上受到地形条件的影响，而大气层的气体补充和抽离均涉及地形条件的变化。有机循环可能加强或缓和大气层的气体补充和抽离。

丁达尔认为，地球上的结冰时期可能取决于大气层中的二氧化碳。在五十多年前，他已经证明二氧化碳吸收太阳热量的特殊能力。因此，结冰现象的根源是由于大气层中二氧化碳的枯竭，这显然已经不是新观点了，此观点也得到了丁达尔以外的学者的支持。如果此观点尚未得到广泛接受，一部分原因可能是对其恰当性的质疑；另一部分原因是尚未明确导致周期性枯竭必然发生的来源。

最近，阿伦尼乌斯博士对这一研究主题做出了贡献，他发表了一份具有重要意义的论文，其中特别对第一点进行了思考。[①] 他通过对兰利实验数据的深入数学分析，尝试确定可能导致更新世出现结冰条件的目前大气层中二氧化碳的减少量，以及可能导致第三纪温和气候的大气层中二氧化碳的增加量。他得出结论，目前大气层中二氧化碳减少 38% 至 45% 可能导致结冰，而增加为当前数值的 2.5 倍至 3 倍可能形成第三纪时期的温和气候。他援引霍格布姆教授的观点，以支持以下立场：地球的变化可以导致二氧化碳的减少，地球内部和其他来源能够再次充实稀薄的大气层。因此，他在丁达尔和其他学者的基础上，又向前迈出了一大步。更为重要的是，他在对观察数据进行推论的基础上，给出了这一问题的量化表达。

但是，他并未说明决定大气层扩充或枯竭的条件，这正是本篇论文的主要目标[②]。

如果我们仅提出气候变化的一般解释，我们无法满足地质学的要求。总之，本文中的理论应当与事实吻合。如何解释巨大的冰川波动？正是这一问题检验了现有假设。乍看之

---

① Svante Arrhenius, Phil. Mag. S. 5, Vol. XLI, No. 251, avril 1896, pp. 237–279.

② 我想指出，我得知阿伦尼乌斯博士的重要论文之前，在为学生上课的过程中得到了本论文所提出的主要观点。然而，若没有阿伦尼乌斯博士论文中充分的数据给予我大力支持，令我深受鼓励，我可能没有自信将这些观点公开表述出来。

下，与很多其他假设相比，本文的大气层假设似乎更不符合这些现象。正如一些学者所做的那样，很容易否认规模巨大的冰川波动。然而，本文恐怕无法否定这一点。我们可以援引大气层气体补充的变化和岁差的变化等作出解释，即使可能需要将它们视为涉及的因素，但是此领域的实验使我质疑这些解释是否完全符合所有现象。我试图理解关于大气层得失理论的主要观点，尽管研究结果并不完整，但是它们令我深受鼓舞。我认为，这些结果揭示了一个周期性效应，这一效应可能能够部分解释冰川波动。为对此效应作出正确评判，应当进行细致入微的阐释，但是我仅能在此简要说明它的性质，这些言辞尚需证实。我的观点立足于：①海洋的作用，海洋是储存二氧化碳的容器；②在寒冷气候的影响下，有机循环的损失。冷水比热水吸收的二氧化碳更多。如果大气变得更稀薄，且温度降低，海洋吸收二氧化碳并使二氧化碳气体溶解其中的能力将有所提高。因此，即使大气中二氧化碳数量下降导致压力下降，可能增加海洋排出二氧化碳的数量，重新建立平衡，但是海洋不会扩充正在变稀薄的大气层，而是在一定程度上将二氧化碳储存起来，也有可能不断增加对二氧化碳的吸收，从大气层中"偷"走二氧化碳。如果冷水的吸收机制效率高，海洋排出的气体抵消了冷水不断增加的气体吸收，但这一点尚有待证实。此外，温度降低导致有机物分解活动减少。因此，很大一部分动植物未分解，将碳保留下来。于是，有机循环中二氧化碳的流失增加。大气层变稀薄的速度加快，寒冷时期很快来临。

由于冰的扩展，主要结晶地区均被覆盖且结冰。在这里，变质是导致大气层变稀薄的主要原因。岩石变质过程中的二氧化碳吸收速度减缓。在本文的假设中，气体补充是恒定不变的，大气层重新开始扩充。当大气层中扩充了足够多的气体，炎热时期就来临了。温度升高后，海洋更容易释放二氧化碳，累积的有机物分解，并向大气层中释放其储存的二氧化碳。大气层扩充的速度加快，间冰期的温暖气候被迫到来了。

结晶地区重新变成裸露的地表，岩石重新开始变质。大气层密度再次回到之前的水平，新的周期开始了，以此类推，直至地形条件的总体变化将循环中断。

对于呈现这些波动的周期性曲线，其幅度可能随着地形条件的变化而不断地增加或降低。地形条件决定着大气层中的气体扩充或抽离。本文仅为简短的梗概，尚需进一步阐释和证实。然而，由于研究尚未结束，而且本文已经超过了预期的范围，我们将推迟进行必要的深入研究。

绿色发展通识丛书·书目

GENERAL BOOKS OF GREEN DEVELOPMENT